国家自然科学基金资助项目

湖北省学术著作出版专项资金资助项目

# 基于光环境的城市高架桥下绿地景观研究

## Research on Natural Light and Greening Landscape under Urban Viaducts

殷利华 著

U0338620

华中科技大学出版社

中国·武汉

**图书在版编目(CIP)数据**

基于光环境的城市高架桥下绿地景观研究/殷利华著.—武汉：华中科技大学出版社，
2016.9
ISBN 978-7-5680-1392-5

Ⅰ.①基…　Ⅱ.①殷…　Ⅲ.①城市绿地-景观设计-研究　Ⅳ.①TU985

中国版本图书馆 CIP 数据核字(2015)第 272167 号

基于光环境的城市高架桥下绿地景观研究　　　　　　　　　殷利华　著
Jiyu Guanghuanjing de Chengshi Gaojiaqiao xia Lvdi Jingguan Yanjiu

策划编辑：金　紫
责任编辑：易彩萍
责任校对：何　欢
封面设计：王　娜
责任监印：张贵君
出版发行：华中科技大学出版社(中国·武汉)
　　　　　武昌喻家山　　邮编：430074　　电话：(027)81321913
录　　排：华中科技大学惠友文印中心
印　　刷：湖北新华印务有限公司
开　　本：787mm×996mm　1/16
印　　张：15.5
字　　数：246 千字
版　　次：2016 年 9 月第 1 版第 1 次印刷
定　　价：138.00 元

# 湖北省学术著作出版专项资金
## 丛书编委会

# 著 者 简 介

　　殷利华,女,华中科技大学城市规划与设计专业博士,建筑学博士后流动站博士后,建筑与城市规划学院景观学系讲师。研究关注工程景观学道路、高架桥生态景观方向的相关问题,在场地生态设计、雨水花园营建、植景营造方面有一定积累。截止目前,主持国家自然科学基金项目2项,主持并完成中国博士后基金项目2项,主持湖北省自然科学基金项目1项,参与国家自然科学基金项目5项,在专业核心期刊上发表论文20多篇。

# 前　　言

　　众所周知,城市高架桥是建在陆地上供汽车、轨道车辆等通行的高空大体量现代交通构筑物。它在一定程度上带给了城市畅达的交通,但同时也产生了很多环境、经济、景观等方面的负面影响,典型问题之一是衍生了大量的消极桥下空间。如何有效利用这些桥下空间已成为城市建设部门亟待解决的问题。很多欧美国家已对本国为数不多的城市高架桥进行了拆除和改建,这与我国不断高涨的城市高架桥建设热潮形成了鲜明对比,探讨国外"拆桥""改桥"的深层次原因,审慎对待城市高架桥建设是我国目前城市建设中值得思考的问题。

　　诚然,桥体的遮盖直接导致了桥下绿地光照不足、雨水缺乏,同时两侧道路的交通环境使得桥下空间扬尘集聚、噪声污染严重、维护管理被忽略、桥下空间通达性差和利用不便等问题突出。桥下绿化是目前大多城市高架桥缓解桥下灰色空间利用矛盾的有效方式之一。本书关注我国城市高架桥下灰色空间,依托对武汉市高架桥下空间利用的调查和研究,分析桥下自然光环境特征,提出合理营建桥下绿化景观的意见。

　　以著者所在的武汉市的高架桥为例,利用 Ecotect Analysis 软件进行样本高架桥下自然光环境模拟,分析桥阴地自然光环境分布规律,得到其受桥体建设的影响情况。借助光合仪测试桥阴植物的光合特性,利用光合有效辐射 PAR(PAR,photosynthesis active radiation)作为联系自然光强度与植物需光强度的中介,得到桥阴植物对光强的忍受范围。

　　依据上述研究结果,积极探讨桥阴绿地景观营建的策略,提出桥阴"适生区"与"非适生区"的概念和范围,旨在为城市高架桥下桥阴绿地景观的科学营建提供参考和借鉴。同时基于 PAR 关联的分析方法可以拓展到城市中其他受人工构筑物遮阴影响的绿地景观营建中。

　　读完本书,细心的读者不难发现,城市高架桥下绿地的弱光问题,可在

高架桥规划建设初期有效规避,如增加桥下空间净空高度、增加中间分车缝宽度、加大桥下高宽比、选择良好的桥体走向,从而给桥阴绿地创造更宽松的采光条件,最大可能地减少或消灭桥下非适生区范围。同时,城市桥阴消极空间的解决更应落实到"慎建城市高架桥"问题上,并注重发掘已有桥阴空间的积极利用方式,发挥其最大综合效益。

如何将桥阴绿地的雨水进行合理的收集与利用也已成为一个无法回避的问题。而建立一个能够收集桥面雨水,在桥阴绿地中完成大部分污染雨水就地滞留,将相对干净的次期雨水用于存取或浇灌桥下绿化植物,最后与市政补水合为一体的桥阴绿地雨水花园系统是一个值得探讨的新的解决策略。

本书的写作得到了国家自然科学基金项目"桥阴雨水花园研究"(项目编号:51308238)、第七批中国博士后基金特别资助项目(项目编号:2014T70701)的共同资助,在此深表感谢!感谢我的博士生导师万敏教授,还有华中农业大学周志翔教授、姚崇怀教授、高翅教授,感谢他们对实验和论文进行的指导;感谢华中科技大学余庄教授、李保峰教授的技术支持;感谢帮助我进行植物生态实验的华中农业大学安丽娟、何亮、陈小平、牟浩,还有华中科技大学硕士生郑非艺、赵寒雪、王可、张纬、赵静等所有给予我帮助的人。感谢华中科技大学出版社的支持和编辑部的辛勤工作!感谢我爱人姚忠勇给予我一直以来的支持和帮助,感谢我的父母及家人给我的支持。最后,我要把感谢送给我的女儿姚殷殷,你一直是我前进的动力源泉和永远的骄傲!

# 目　　录

# 第一章  城市高架桥及桥下空间

2014年底中国机动车保有量已达2.64亿辆,其中汽车保有量达1.54亿辆,且正以飞快的速度继续增长。国内很多新的"堵城"不断涌现,笔者所在的武汉市就是其中之一。城市高架桥是为解决日趋严峻的交通拥堵问题而建设的,是目前我国解决城市交通拥堵问题的一种重要手段。

我国如火如荼的城市高架桥建设使得越来越多的城市土地被新增高架桥所覆盖,高架桥下空间的各种问题日渐突出。例如,桥面覆盖使得高架桥下采光不良、雨水锐减,灰尘、噪声、振动使桥下空间缺乏宜人和友好的环境等。在高架桥下空间不能有效被人们利用的同时,土地也失去了植物生长必要的生态条件。越来越多的城市高效利用区土地由于高架桥的影响,衍生出由桥体遮盖所产生的大阴影、低净空、交通干扰、空气污浊、噪声污染、不可达等一系列的灰色桥下空间,这对寸土寸金的城市建设用地是一种很大的浪费。同时,高架桥下空间还存在管理不到位的情况,这与可持续发展的城市建设目标、资源节约型和环境友好型的社会目标背道而驰。我国城市高架桥下空间存在闲置浪费和消极、被动利用的现状,而同时我国关于桥下空间有效利用,桥下空间高品质景观营建的理论研究及实践研究均显不足。

随着时间的推移,越来越多的城市高架桥逐渐显露出了建设初期被忽视的问题:严重的噪声污染、交通复杂、城市丧失更多的宜居环境和空间等。最早兴起城市高架桥的美国在20世纪60至70年代就开始进入了拆桥、"反桥"时代,韩国也在20世纪90年代开始了"拆桥复绿"的运动。很多欧洲国家为了保持其原有的城市风貌,都慎建或不建城市高架桥。而我国由于经济的高速发展,以广州、北京、上海等为首的20多个核心与省会城市在20世纪90年代以后就开始了大量的城市高架桥建设。目前在全国各大城市中已经掀起了一股利用兴建高架桥来解决交通拥堵问题的高潮。

遗憾的是城市高架桥的大量兴建所带来的对环境的消极影响还没有得到我国建设部门的足够重视，已建桥下空间的有效利用及高品质景观营建缺乏理论指导及实践总结。已有桥下空间的利用方式大多数都涉及桥阴绿地处理，但桥阴空间的植物种植环境存在着不利于植物正常生长的水、光、土壤、空气质量等因素。为了尽量满足桥阴植物生长需要，很多桥下绿地景观工程借助人工手段来改善种植条件。例如，用人工浇灌解决植物生长对水分的需求，改良或者更换新土满足植物对土壤的要求等，然而对高架桥下自然光环境的适应和主动改善还没有引起人们足够的重视。

就"环境友好型""资源节约型"的可持续发展的城市视角而言，需要对城市高架桥下桥阴空间进行积极利用，并营建良好的绿地景观。现有高架桥、桥梁景观及空间环境研究的文献中，大部分集中在其工程质量、施工工艺与设计模型、技术与结构方面，只有少量是针对桥梁景观与城市景观融洽、消除其环境消极性影响、桥下绿化景观建设等方面的文章。

以上诸因素成为本书内容定位的重要原因与背景。对城市高架桥这样高投资、较长使用寿命的城市基础设施，应该考虑对已建和将建的高架桥桥下空间进行积极利用，尤其是对如何解决桥下消极绿化问题的研究，对提高城市土地使用效率，改善城市景观等具有重要理论意义：①为建设城市高架桥下可持续发展和环境友好的桥阴绿地景观提出建设性的参考；②丰富城市高架桥空间及景观规划设计与理论；③充实与完善工程景观学的分支——桥梁工程景观学的内涵；④发挥高架桥下空间的社会作用，改善城市高架桥下及周边景观环境的可达性、可用性，创造积极的城市高架桥下公共空间。

本书内容的实践意义在于以下几个方面：①研究高架桥下自然光环境随高架桥空间结构而变化的规律，为桥阴绿地中适生耐阴植物的合理运用提供依据；②为武汉市高架桥下的桥阴绿地植物选用提供推荐名录，丰富桥阴植物造景材料；③针对桥阴绿地非适生区，兼顾低碳节能、生态环保等理念，提出结合高架桥路面雨水收集与存储，铺装、文化展示等各种非植物的景观营建手段共同提升桥阴绿地景观品质。

# 1.1　城市高架桥

## 1.1.1　概念及内涵

1）概念

梳理高架桥相关定义，有以下几方面的理解：

（1）高架于地面上的陆地桥梁、道路。高架桥，又称为高架道路，即架设在空中的道路，与地面交通呈立体交叉的关系。这与传统的水上、天堑上的桥梁区别开。高架桥是为改善现代车辆交通而架设的空中通道设施，它可同时容纳多层交通干线，供汽车、火车、轻轨、行人等穿行及安设管道。它有较高的竖向高度，是在最开始的跨线高架桥即立交桥基础上逐渐丰富形成的高架道路。

（2）具有连续结构的桥梁。李世华（2006）在其书中提及高架桥大多由安装在一系列混凝土立柱上的多组梁组成，混凝土梁之间相互连接形成连续梁，最终形成高架桥。张顺宇（2003）在其论文中认为高架道路可视为较长且连续的高架桥梁，高架路桥则是较短的连续桥梁，两者都是联系两端解决交通问题，且提供桥下使用空间的设施，只有长短之分，主张将高架道路与高架路桥统一用高架桥称呼。

（3）主要通行机动车。牛津高阶字典解释高架桥为"a long high bridge, usually with arches, that carries a road or railway/railroad across a river or valley"，即高架桥主要为满足公路、铁路交通运输需求而建设。汤辉雄（1985）也提到，高架桥不再是一般跨越铁路的高架路桥，其形式和运输功能更丰富。

综上可知，高架桥是为了解决城市平面道路交通干扰，提高道路通行能力，而在陆地上用多段高出地面的连续桥梁架构出的一种将道路高举架设到空中的现代交通构筑设施。

广义的城市高架桥包括高架快速路（expressway）、立交桥（cross bridge）、跨线桥（grade separated bridge）和供有轨机动车行驶的高架轨道，

甚至包括人行桥、管道高架水槽等设施。狭义的城市高架桥则指专供汽车通行的高架道路、高架路桥。本文的研究对象主要是指狭义上的供汽车通行的城市高架桥。

2）类型

根据关注点的不同，高架桥常有以下几种分类（见表 1-1）：

表 1-1　高架桥类型

| 序号 | 分类属性 | 分类名称 |
| --- | --- | --- |
| 1 | 功能对象 | 轨道交通高架桥、汽车交通高架桥、步行高架桥、建筑物间的架空走廊、管道高架桥 |
| 2 | 空间布局方式 | 延伸型高架桥、交汇型高架桥 |
| 3 | 材料及结构 | 曲线预应力混凝土连续箱形梁高架桥、正交异性板钢连续箱形梁高架桥、钢与混凝土组合连续箱形梁高架桥、预应力混凝土空心板梁钢筋混凝土高架桥、钢结构高架桥 |
| 4 | 所在用地区域范围 | 城市高架桥、国土高架桥 |
| 5 | 整体断面形态 | 单层高架桥（并列式、分离式）、两层及多层高架桥 |

3）高架桥组成

高架桥按空间组成分为引桥、正桥、主跨三部分。从结构上考察分为上部桥面及其附属设施、中部梁及墩柱支承设施、地下基础三部分（见图 1-1）。上部桥面及其附属设施指路面桥板及以上的附属设施，如铺装、排水防水设施、防护栏杆、电力照明设施、隔声板、交通指示与警示设施牌等；中部梁及墩柱支承设施由桥跨结构（也叫承重结构）的桥板、墩柱组成，直接承受结构及其上部交通荷载；地下基础指桥梁位于支座以下的地下承重部分，包括桥台、墩台及其基础，是支承上部结构、向下传递荷载的结构物。从功能上高架桥可分为交通附属设施、交通路面、桥体、地面。

城市高架桥大多依托原有道路建设，在扩大交通容量的同时可节省用地，同时，因其具备跨度经济、结构简明连续、施工便利快速等优势而被现代交通中的立交、匝道、互通、跨线、高速等交通设施广泛采用。

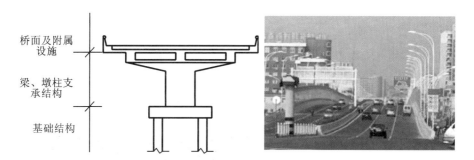

图 1-1　高架桥剖断面结构示意及桥面附属设施景观

## 1.1.2　国内外发展概况

世界上第一座城市高架桥于 1928 年出现在美国新泽西州伍德布里奇，它是一座每昼夜平均通行 6.25 万辆汽车的完全互通的苜蓿叶式高架桥。20世纪 60 年代前后，美国、英国和欧洲的其他一些城市也建成了为数不多的高架道路。1964 年日本为举办奥运会修建了大量城市高架桥，东京市区内的快速干道有 50% 以上都是高架，这与其城市用地紧张有很大关系，为充分利用土地，东京甚至还封闭围合部分城市高架桥下空间，营造成一系列功能性很强的室内餐饮、商场等空间。台湾地区最早的城市高架桥出现在 1972 年，是以市中心的光华路高架桥为代表的几座跨越铁路的高架桥，其支承结构上部为预应力混凝土铁Ⅰ型梁，下部为钢筋混凝土双墩矩形基柱。桥下空间多开辟为小型车停车场、商场、消防单位、养护单位、居民活动中心等。香港特区政府对穿越市区的快速干道也采用高架方式解决，如九龙东北走廊和西北走廊，过海隧道至香港仔隧道的道路等，都建成了高架道路。

然而，20 世纪 90 年代一些发达国家却开始拆毁、"反对"建设高架桥。如美国波士顿曾经为了解决中央大道的交通拥堵而于 1954 年建设了中央大道高架桥，但随之而来的环境干扰、商业衰败、交通拥堵等负面影响迫使政府当局于 1971 年出台将高架拆除并将道路埋入地下的计划，1991 年正式动工，直到 2007 年 12 月 31 日竣工，创造了伟大的中心隧道"BIG DIG"工程。这个做法恢复了传统街区往日的经济活力和宁静安详的氛围（见图 1-2）。在亚洲，韩国首尔著名的清溪川复原工程历时两年半，拆除了覆盖在原有河

(a)        (b)

(c)

**图 1-2　波士顿中央大道高架拆除前后对比**

流上年久失修的高架桥,恢复了有着清洁流水的清溪川,并营建了滨水生态绿地和休闲游憩空间(见图 1-3)。此项工程不仅减弱了城市热岛效应,恢复了清溪川的自然生态系统,同时还恢复了悠久的历史文化遗迹,提升了城市的经济活力、文化品位和国际竞争力。还有美国旧金山市区双层高架高速公路拆除等工程,均是用拆除城市高架桥来恢复中心城区活力、提高土地经济效益的优秀案例。从国外高架桥建设的兴衰历史来看,目前总的发展趋势是慎建或少建城市高架桥。这种与我国目前大力兴建城市高架桥的趋势

(a)        (b)

**图 1-3　韩国清溪川复绿后的恬静优美景观**

大相径庭的情况,应引起我国城市建设者的高度重视和冷静思考。

我国大陆第一座城市高架桥是 1986 年建成的广州环市路东西走向的小北、大北高架路。其在建成后一段时间内有效地疏通了区庄至广州火车站一带的车行交通。其后 1987 年建成的人民高架桥和六二三高架桥分别从南北向和东西向贯通了旧城区,连接广州火车站到人民大桥和黄沙大道(过江隧道出入口),改善了该地段的城市交通。此后,我国城市高架桥主要以城市立交为载体,建设风潮辐射至全国各大城市。例如上海已建成内环高架路、南北高架路、延安高架路、沪闵高架路和逸仙高架路等总长达 70 km 呈"申"字形的高架立体路桥网络,是目前国内最完善的城市高架道路体系(见图 1-4),大大缓解了市区交通紧张状况。北京市高架桥布局特点主要为环

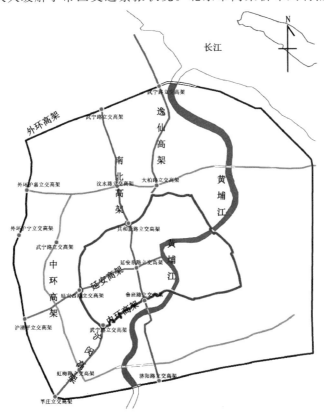

**图 1-4 上海市高架桥系统简图**

路结合放射线,已建成二环、三环、四环、五环,并正在建六环和外一环。由于北京城市中心土地和空间资源紧缺,为避免破坏历史文化保护区和快速路对中心区的割断,城市高架桥大都截止于中心区外围的快速环线上。由于缺少穿越市中心向四周辐射的交通线,使得三环内的市中心地区仍旧拥堵如常。

　　由于城市高架桥上的车辆时速一般可达 40~60 km,为城市地面平均车速(一般为 10~20 km/h)的 2~6 倍,使高架桥成为安全、快速、高效交通的重要载体。因此各大城市纷纷建设城市高架桥。截至 2000 年年底,北京、上海、广州等国内 20 多个城市已建、在建或待建中的新城市高架交通线总长超过 4000 km。2011 年底武汉市已建高架桥总长达 97.78 km。我国城市高架桥主要架设在城市原有道路上,拆迁占地少,施工建设速度快,投资效益较高,修建及维护运行费用比地下交通、轻轨交通等方式低,故在今后一段时间内,我国城市高架桥建设仍有很大的发展空间。

# 1.2　桥下空间

## 1.2.1　桥下空间特征及景观元素

　　高架桥下空间特征表现为 4 个方面:①派生性,即高架桥是为了解决交通问题而将道路高架于地面,以交通功能为主,桥下空间通常作为高架桥的附属,其利用具有很大的被动性;②边角性,即城市高架引桥下低净空以及被道路阻隔、孤立出来的桥下空间与周围城市空间区别很大,有低效利用的城市遗忘空间的特点;③劣势性,即桥下空间弱光、少雨、多噪、多尘、交通阻隔等环境特点导致空间质量处于劣势;④公共性,即桥下空间是城市公共空间的一部分,如在适当位置设置人性化的场所,可以很好地满足市民公共活动的需求。

　　黄开平(1988)提出高架桥下空间景观构成可分为视点位置、周围环境、高架桥本身、大气条件四个元素:视点位置包括人与高架桥的水平距离、人看到桥体的视线角度;周围环境则包括高架桥本体及附属设施两侧建筑物、土地利用，桥上及周围人、车活动，以及山川河流等远景；高架桥本身景观则指桥体结构和灯柱、标志等附属物；大气条件则指阴晴雨雾等气象和春夏秋冬季节变化。

## 1.2.2　桥下空间利用方式

人们不断探索城市高架桥下空间的各种积极利用方式，但基于桥下空间用地属性以及环境特征，目前主要利用方式集中在交通利用、休闲利用、商业利用、市政利用、绿化利用等5个方面。根据调研和文献总结发现，城市高架桥下空间利用具体形式主要有9种：道路交通（含公交站点）、绿化、商贸经营、停车场、休闲娱乐、市政设施、广告宣传、体育运动场，甚至还有居住建筑。其中日本城市高架桥下空间利用形式多种多样（见图1-5），并随着时代的变迁发生相应的形式变化（见表1-2）。

**图 1-5　日本高架桥下空间利用成商业、停车等形式**

表 1-2　日本东京自 1964 年以来高架桥下空间利用形式

| 高架桥建设年代 | 桥下空间不同利用方式所占比例/% | | | | | | | |
|---|---|---|---|---|---|---|---|---|
| | 道路交通 | 汽车停车场 | 未利用地 | 公园 | 自行车停放场 | 商店 | 其他 | 小计 |
| 1964 年以前 | 33.5 | 0 | 12.4 | 0 | 0 | 32.4 | 21.7注① | 100 |
| 1965—1974注③ | 34.4 | 24.0 | 14.8 | 1.6 | 8.5 | 0 | 16.7注② | 100 |
| 1975—1984 | 27.2 | 28.9 | 12.9 | 6.7 | 11.8 | 12.5 | 0 | 100 |
| 1985 年以后注④ | 12.2 | 51.8 | 23.2 | 2.1 | 10.7 | 0 | 0 | 100 |

注①："其他"中"住宅"为这个时期特有的利用形态,占 10%,另外 11.7% 为"仓库"利用方式。

注②："其他"为"事务所"利用方式。

注③:公园、自行车停放场的土地利用形式主要是从这个时期开始出现,此后逐渐增加。随着经济高速增长,城市人口日益增多、汽车数量增大、交通事故频发并且城市公共空间日渐缩小,在高架桥下空间设置公园成为解决上述问题的对策之一。

注④:开放型利用比例超过 90%,汽车的急剧发展,以及因人口和产业向城市地区集中带来了汽车保有率的增加,从而出现了汽车停车场用地严重不足的问题。

表格来源:根据冯磊(2004)文献整理而成。

　　日本在 1968 年制定了《首都高架道路公共高架桥下设施管理章程》,其主要规定为:①高架下空间使用需审慎规划;②如造成城市空间不延续、管理单位及专家学者认为不合适、高架出入口不许使用的,不得利用;③以公共性和公益性利用优先;④由道路管理单位或同等能力使用者使用;⑤允许项目有停车场、公园绿地或其他交通设施,消防、警察单位等安全设施,仓库、事务所、店铺及其他类似项目。

　　美国在 1961 年之前的高架桥下空间使用主要方式仅限于做停车场,1968 年美国国家公路需求报告通过《高速公路沿线联合开发》(Joint Development in Highway Corridors)方案,制定了高架下空间利用的相关规定:①城市内的使用应配合当地法规;②考虑经费来源;③配合当地环境和要求灵活设计;④与周围土地配合使用,提高土地利用价值。在此基础上,美国高架桥下空间的积极开发利用有了一定的保障,并解决了与城市相关的系列问题,一定程度上实现了其公共价值,如:①促进邻近土地使用,增加税收;②美化高架桥周围环境,减少对途经附近社区的干扰;③解决交通拥堵,并提供停车场地;④提供市民休憩场所,提高城市生活品质。

我国最早对高架桥下空间的利用是在20世纪90年代的北京市,其对桥下空间的利用方式除交通利用外还开发出零售商业、汽车销售、租赁,甚至餐饮、休闲娱乐等,但终因环境恶劣,餐饮、娱乐等商业利用途径都被逐渐废除,目前主要以绿化为主。目前我国桥下空间利用主要体现在道路交通、绿化、停车和其他市政利用上,大部分城市高架桥下空间以绿化、交通为主,其次为停车、少量市政设施以及桥下公园、休闲场地。笔者所在的武汉市有近80%已建桥下空间利用为绿化和交通方式(见第2章表2-2)。

## 1.2.3 桥阴空间利用存在的问题

1)环境问题

高架桥对环境造成的负面影响主要表现在噪声、扬尘、废气、采光、振动等方面。

(1)噪声污染:因为高立于地面,桥面交通噪声强度大、影响范围广,且昼夜变化不明显,夜间超标严重,尤其对高架桥面以上的楼层影响较大。

(2)采光:高架桥遮盖严重影响桥阴空间的采光。王雪莹等(2006)对上海市高架桥下光照情况做了实验研究,发现桥下很多地方不满足阴生植物对光照的需求。如果高架桥离两侧建筑过近,会对低层住户采光造成严重影响。

(3)扬尘、废气等:城市街道灰尘中累积了大量的重金属,如铅含量对人体健康尤其是儿童健康存在潜在危害。王利(2007)对上海市5条高架桥沿线灰尘做了测量,发现沿线灰尘的平均pH值达到9.67,明显呈碱性,且重金属含量也为正常水平的2~10倍,高架桥已成为城市中非常明显的狭长污染带。

2)功能问题

桥阴空间利用存在的功能问题如下。

(1)交通功能:高架桥阴空间一般处于车行交通包围中,可达性较差,加之管理力度弱,容易成为杂物的堆砌场和藏污纳垢之处,同时噪声大、空气

质量差,安全系数低,行人不易驻留,较难取得积极的利用。高架桥上的车辆终须下地,如处理不当,将会造成衔接路段的堵塞,使高架桥路面成为巨大的"空中停车场",引发新的交通拥堵。

(2)经济影响:由于高架桥能快速输送乘客,加之其建设、交通带来的系列环境影响,增加了人们的心理距离,使原沿线街区可达性降低,街道两边的商业、服务业受到较明显的消极影响。作者在调研中也发现,武汉市2010年通车的珞狮北路高架桥使两边小卖铺营业额较建成前一年降低了约60%,同时近25%的酒店、商店关门停业或转让,正在经营的商店、餐馆生意清淡,顾客稀少,与建前此街区的热闹繁荣景象形成较大反差。另外,如果高架桥与中心区的城市环境不协调,还容易导致城市功能的退化,加之噪音、粉尘、阻隔、阴影等负面影响,也会造成沿线地价下降,物业贬值。

(3)可达性影响:高架桥主要为解决街道中的汽车拥堵问题而建,却常容易造成原有街道两边行人以及与公共交通联系的隔断,导致一些路段的地面道路利用率降低。问题主要表现为:①没有与周边环境结合,开展有效的灵活利用;②部分高架桥阴空间相对封闭,与周围人的活动缺少关联,可达性差;③少数高架桥下场所缺乏有效的空间组织和管理,杂乱无章,同时变为藏污纳垢的场所,甚至引发社会问题。

3)绿化问题

(1)形式单一。常以常绿灌木满铺为主,同时部分植物生长效果不佳,影响城市景观;(2)植物种类偏少,景观效果单一;(3)存在"强行绿化"行为,养护成本大,效果差。

在微观层面,桥阴环境使桥下绿地植物生长条件发生了改变(见表1-3):

表1-3 高架桥影响桥下绿地植物生长的环境因素及表现

| 影响对象 | 影响环境结果 | 影响植物生长的表现 |
| --- | --- | --- |
| | 日照不足 | 光合作用障碍或降低,温度下降 |
| | 降雨不足 | 土壤干燥,分解停滞 |
| 自然环境 | 通风不好 | 污染物滞留,发生病虫害 |
| | 影响微气象 | 庇荫地,低温,与异状大气污染复合,生育障碍 |
| | 附着灰尘 | 气孔密闭,呼吸作用障碍 |

续表

| 影响对象 | 影响环境结果 | 影响植物生长的表现 |
|---|---|---|
| 土壤环境 | 土壤干燥 | 分解停滞,生理障碍,发生凋萎、根腐、枯损 |
| | 土壤硬化 | 毛细管水不能上升,阻碍根的呼吸作用和伸长生长 |
| | 水质不好 | 大气污染物质下降渗透,根呼吸障碍 |
| | 通气、透水性不良 | 氧化停滞、缺氧,呼吸作用障碍,微生物减少 |
| | 排水不良 | 浸水、氧化迟缓,根腐,有机质不能使用 |
| | 土壤温度不足 | 阻碍土壤生物活性和水分吸收,分解迟延 |
| | 有机质不足 | 阻碍团粒化,养分保持力减退,阻碍生物繁殖 |
| | 土壤生物稀少 | 分解停滞,养分补给源消减,团粒化停滞 |
| | 土壤盐碱化 | 大气污染物质侵入,盐基性物质流入 |
| 其他 | 天敌消减 | 发生生理障碍,病虫害扩大 |
| | 外来植物侵入 | 土壤盐化外来杂草蔓延 |
| | 限制树种 | 互助植物缺乏 |

注:参考刘常富,陈玮的《园林生态学》一书的表 2-6 整理而成。

4) 景观问题

表现为桥梁结构景观和其他要素景观两方面。

（1）桥梁结构景观。表现为重造价轻造型的问题。桥下水平向的梁连续贯通,与人和车行进的视线同向,呈现出运动、延伸、增长的意象,但造型过大,且光线较暗。颜色偏深暗,容易造成桥下人们明显的压迫感；垂直的桥柱挺拔粗壮,以一定的间隔连续排列,使人产生崇高、紧张、积极的感受。它们与人视觉移动方向不一致,对视线起到一定的阻隔作用。墩柱选型通常有 T 形、倒梯形、Y 形(花瓶形)、圆单柱、双方柱等基本形式及其变型(见图 1-6),杨斌在其文献中结合实际案例还总结了 V 型、X 型、门架式、不对称式等丰富生动的高架桥结构,可以形成不同的视觉景观。文中提出应注意墩柱造型的合理运用,如过多、过大、过低等情况导致桥阴空间占地大、道路通视度受限等不利景观,同时其视觉形象单调丑陋,易对城市传统街区环境和城市整体景观造成切割和破坏,使得城市中深藏的地方历史和文化特色的诸多记忆片断被毫无个性的"速成"高架大道消灭殆尽。

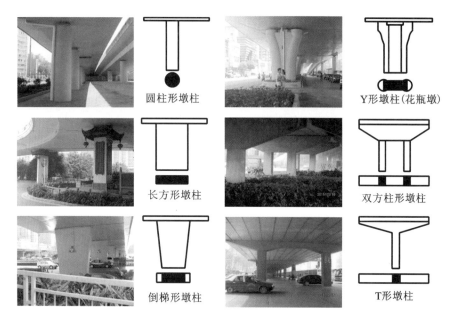

图 1-6　常见高架桥墩柱形式

（2）桥下色彩和装饰。可总结为重功能轻景观、重硬质轻软质的问题。大多桥下景观缺乏对高架桥的梁、板底部、墩柱的美化和绿化处理，多为混凝土原色，灰暗单调，更增加了桥阴空间的压抑感和沉闷感。目前国内做得比较成功的案例有成都市人南立交公园，其墩柱采用川剧脸谱、鲜艳色彩、书法字画、楹联等桥柱装饰（见图 1-7）。此外四川德阳成绵高架桥墩、上海延安路铜皮九龙柱装饰等案例，都带给人们不同的视觉美感，同时展示了鲜明的地方特色文化景观，值得借鉴和推广。

城市高架桥建设不仅要满足其交通功能，还需要兼顾环境、景观、经济、社会等相关影响。虽然目前我国大量建成的城市高架桥已经成了时代发展的必然产物，现阶段虽然无法扭转其大量存在的局面，但可以对其衍生的桥下消极空间进行关注和改善，使城市高架桥在城市发展的进程中尽可能地减少负面影响，保留并加强城市原有的人文与自然景观。

图 1-7　成都市东坡高架桥下川剧长廊公园的桥柱川剧脸谱

# 1.3　桥 阴 空 间

（1）桥阴（viaduct shadow）是指高架桥桥体的日照落影所覆盖的整个空间区域。这是一个动态的、具有季节性变化规律的虚空间区域，其面积、形状与桥体外形、高宽度、走向、所在地理方位密切关联。

北半球冬至日太阳高度角最低，夏至日高度角最大，其同一时刻同尺寸的桥体会因走向不同而产生投影面积差别很大的落影区。从图 1-8 中可知，7:30—17:00 时段，东西走向高架桥下阴影范围变化幅度小，阴影区基本与桥体覆盖的平面范围相差不远，全天阴影一般都在桥体同一侧；南北走向的高架桥一天中的投影分布在桥体两侧，桥体最宽投影宽度虽与桥面宽度相等，但立柱落影很大。冬至日南北走向桥体投影可扩至桥外约桥宽 12 倍远的距离。最大的桥阴面积通常发生在所在地太阳高度角最低日的日照阴影覆盖区域，最小桥阴面积通常是当地太阳高度角最大日的正午桥体的投影范围。

根据全年遮阴的时间与全日照的相对关系，笔者将桥阴区细分为完全阴影区（桥阴日照时数 < 20% 全日照）、经常阴影区（20% 全日照 ≤ 桥阴日照时数 < 50% 全日照）、非经常阴影区（桥阴日照时数 ≥ 50% 全日照）3 个部分。以武汉市桥阴平均采光不利的东西走向高架桥为例，桥阴空间及类型如图 1-9 所示。

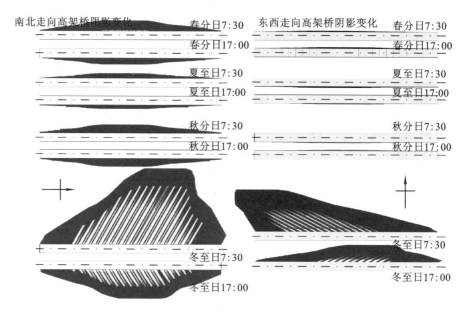

南北走向高架桥阴影变化　春分日7:30

春分日17:00

夏至日7:30

夏至日17:00

秋分日7:30

秋分日17:00

冬至日7:30

冬至日17:00

东西走向高架桥阴影变化　春分日7:30

春分日17:00

夏至日7:30

夏至日17:00

秋分日7:30

秋分日17:00

冬至日7:30

冬至日17:00

**图1-8　高架桥不同走向桥体阴影典型节气日变化**

由图1-9可知,桥面覆盖空间有少部分属于非经常阴影区,部分为经常阴影区,大部分为完全阴影区。经常阴影区根据桥梁的走向不同,有可能在桥面正投影内,也可能在桥外区域。本文研究的桥阴主要指经常阴影区。

(2)桥阴空间一般指桥下正投影空间,考虑到桥体落影的经常区域超出桥体正投影位置的情况,又由于高架桥用地通常都属于道路用地范畴,故桥下空间不能脱离道路红线范围,故而本文将桥阴空间准确定义为:道路用地红线范围内,桥下正投影及其桥体经常阴影区所覆盖的空间范围(见图1-10)。

## 1.3.1　桥阴绿地

徐康(2003)在其论文中提出了"高架桥绿化主要包括桥面绿化、立柱绿化和桥荫绿化",其从空间方位对高架桥绿化位置进行了划分,将桥下绿地中的地面绿化定义为"桥荫绿化";陈敏(2006)将高架桥下的绿化称为"高架桥阴地绿化",主要探讨了上海高架桥下的绿化立地条件;王雪莹(2006)发

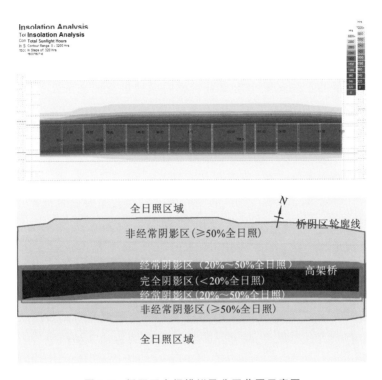

图 1-9　桥阴区空间模拟及分区范围示意图

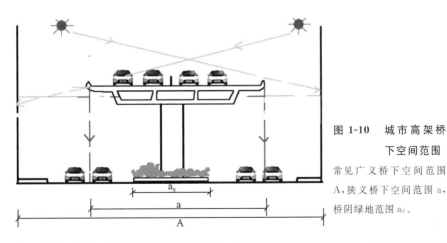

图 1-10　城市高架桥
下空间范围

常见广义桥下空间范围 A,狭义桥下空间范围 a,桥阴绿地范围 $a_0$。

表了题为《城市高架桥荫光照特性与绿化的合理布局》文章,利用光量子仪对桥阴光照特性进行了测试研究,探讨了适合植物光补偿点的生长区域,但

其在界定"桥荫绿化"时引用了徐康的模糊定义。顾凌坤(2007)也发表了题为《对高架桥阴地的"强行绿化"的思考》的文章,但没有进行定义界定;上海市针对高架桥下绿化工程的土壤改良专门出台了《高架桥阴绿化土壤改良技术要求》,显然上述文献中均没有对桥阴绿地进行明确的定义描述,主题研究对象都是默认为处于高架桥桥面覆盖下的绿地。

本文对文献中高架桥的"桥荫""桥阴"进行了意义考察,《现代汉语词典》中"阴"即光线被物体遮挡形成的影,太阳照不到的地方,或泛指不见阳光或偶见阳光的天气;"荫"主要指树木遮挡太阳形成的树影,树叶遮蔽,还可读"yìn",有"荫蔽、遮蔽、庇护"的动作含义。本文主要研究高架桥投影下的绿地,属于高架桥的投影范围,故用"桥阴"。

桥阴绿地(shade green land under viaduct)与1.2.2中对"桥阴"的定义对应,即指桥体垂直投影下以及经常被桥体阴影区覆盖的所有绿地。

高架桥通常处于道路中间,其桥阴绿地大多限于道路红线范围内,即高架桥面板覆盖下的绿地(见图1-10中的 $a_0$ 部分),依据其断面形式,桥阴绿地形式通常有中间分车带式、两边分车带式、全幅式绿地3种情况。

## 1.3.2 桥阴绿地生境特点

生境(habitat),又称栖息地,是生物生活空间和其中全部生态因素的综合体。生境特点表现为生境中生态因子的综合作用。生态因子(ecological factors)是指环境中对生物的生长、发育、生殖、行为和分布等有着直接或间接影响的外界环境要素,如食物、热量、水分、光照、地形、气候等。生态因子是环境因子中对生物的生存不可缺少的环境条件,环境因子则是生物体外部的全部环境要素。

桥阴绿地生境,主要指位于高架桥桥阴绿地中所有植物、动物、微生物等全部生活生态因素的综合体。

桥阴绿地的生态因子按性质分可分为气候因子(如光照、温度、湿度、降水、雷电等)、土壤因子(如土壤结构、土壤的有机成分、无机成分的理化性质、土壤生物等)、地理因子、生物因子(如动物、植物、微生物等)以及人为因子(如环境污染、人为破坏、管理等),其生境特征可以从这5个方面分别解析。

1）主要气候因子特征

光是影响植物生长发育最重要的环境因子之一，直接影响到植物光合作用过程。植物有机物的产生、各生长发育环节都是直接或间接在光的外动力作用下完成。植物不同生长发育阶段、不同种类的植物生长受光照影响不同，光强度、光质、光色、光照时间等都会对植物产生不同影响，同时还会影响光合作用的温度、水分、二氧化碳含量、矿质营养等，所以太阳辐射对光合作用的影响非常重要。光照强弱直接影响植物光合作用的强度。植物按对太阳辐射强度适应程度常分为三类，即阳性植物（heliophytes）、阴性植物（sciophytes）、中性植物（shade-tolerant plant）。阳性植物是指全光照或强光下生长发育良好，在荫蔽处或弱光条件下生长发育不良的植物，一般需光量为全日照（即以太阳东升至西落都能照到阳光的环境所接受的全部光照强度）的70%以上。阴性植物是指在较弱光照下比强光下生长好，且不能忍受强光的植物，需光量一般为全日照的5%～20%，光照过强会使一些阴性植物叶片失去光泽，发生"叶烁""烧苗"现象，有的很快死亡。中性植物即介于阳性植物和阴生植物之间的植物，一般对光的适应幅度较大，大多数植物属于此类。另外太阳辐射不均匀容易导致植物发生主干倾斜、扭曲等"向光生长"的现象（见图1-11）。

**图 1-11　高架桥下不同采光条件的植物生长情况**

城市高架桥下光照不足，桥阴绿化植物材料选择主要以适应当地气候条件的阴性和耐阴植物为主，这就需要针对桥下的生境条件特征进行相应绿化植物品种的筛选研究，尤其是应了解植物正常生长对光的需求情况。本文尝试研究桥阴光强与桥阴植物生长所需光强之间的对应关系，这里牵

涉到光照与植物光合需光强度之间关系的梳理。太阳辐射强度（solar radiation intensity）是指单位时间投射到单位面积上的太阳辐射能量，常用光照强度（intensity of illumination）代替，以 J/(m² · min)、W/m²、cal/(cm² · min) 或照度单位勒克斯（lx）、米烛光表示。绿色植物一般只吸收 300~750 nm 之间的太阳辐射，即生理辐射（physiological radiation），而对光合效应有意义的辐射通常认为在 380~760 nm 之间，称为光合有效辐射（photosynthetic active radiation，PAR），其和可见光波长（380~780 nm）范围相当，而其中波长为 620~760 nm 的红光和波长为 435~490 nm 的蓝紫光对植物的光合作用尤为重要，故植物光合所需光即为自然光。PAR 通常用量子学系统，即光合光量子通量密度（photosynthetic photo flux density，PPFD）来度量，单位为 $\mu mol \cdot m^{-2} \cdot s^{-1}$，这是目前植物生理生态学界公认的植物光合国际标准计量单位。白天自然光下，常见光照度与光合有效辐射有如下基本换算关系：

$$1 lx = 0.0185 \ \mu mol \cdot m^{-2} \cdot s^{-1} \tag{1.1}$$

$$1 lx = 0.00402 \ W/m^2 \tag{1.2}$$

即从上两个关系式可知：①1klx＝18.5 $\mu mol \cdot m^{-2} \cdot s^{-1}$；②1klx＝4.02 $W/m^2$；③1 $W/m^2$＝248.76 lx；④1 $W/m^2$＝4.6 $\mu mol \cdot m^{-2} \cdot s^{-1}$。理清这些转换关系有利于在本书第三章中的桥阴下物理光环境分析结果和第四章的桥阴植物需光强度范围之间搭建互通平台，有助于本研究的实际应用。对于桥下开花植物，还有一个光照时数（临界光周期）的影响，桥阴绿地中应用开花植物需要注意这个指标，否则可能导致原本可开花的植物不能开花，宜尽量选用对光照时数长短不敏感的日中性开花植物为主。

陆明珍（1997）等人率先对上海内环高架的立地条件进行了研究，发现宽体桥面的中间立柱平均光照只有 502 lx，部分立柱不足 300 lx。吴俊义（2000）与上海园林科研所测定了上海几座具代表性高架桥下的光照情况，发现徐汇区内环段最小光照率为全日照的 2.8%，最大值为 5.8%，幅值在 3% 左右；王雪莹（2006）等针对上海市高架桥下光环境进行了较详细地研究，发现夏季晴天东西走向高架桥下南侧光照率为 7% 左右，勉强达到阴生植物需光度的下限，而中部与北侧的 PAR 值为 5~20 $\mu mol \cdot m^{-2} \cdot s^{-1}$，光照率仅为2%～5%,不能满足阴生植物对光照的基本需求,并将其归为"死亡区",同时南北走向的桥下两侧还存在超过阴性植物光合饱和点的"强光伤害"区。

（1）水分:除桥边缘绿地能淋到少量自然飘雨外,桥下其他大面积绿地都不能接收正常的雨水,土壤干旱程度严重。有些高架桥路面雨水收集管口直接对绿地排放,下雨时排水管口周围小范围土地有水,且存在污染较严重的路面初级雨水污染,有碍植物的正常生长,同时污染较小的次级雨水浇灌范围有限。若遇大暴雨或雨季,雨水管排放口附近绿地则变成一片汪洋,容易对植物形成浸涝,不利于根部正常呼吸,甚至造成植物死亡,同时也影响桥下景观。结合桥面雨水收集及浇灌技术的桥阴空间利用目前还没有得到重视,没有机构大力开展相关研究,桥下绿地大多靠洒水车人工浇灌,绿化养护成本高且碳排放量高。少数桥阴绿地安设有人工自来水喷灌。

（2）温湿度:吴俊义(2000)等对上海市高架桥下的温度进行长期定点观测,发现桥下气温低于桥外,其差值平均达3.2～3.5℃;桥下相对湿度高于桥外,差值约为12.5%。陈敏(2006)发现高架桥面的遮蔽使得桥阴气温明显低于桥外,差值在3.5～7.1℃之间,平均差值为5.2℃,高温季节表现十分明显。受周围环境影响明显,周围空旷处的桥下空间温差大。高架桥阴相对湿度比桥外高5%～10%,说明桥阴绿地能发挥较好的降温增湿生态效应,同时为自身植物的正常生长创造了较为稳定的温湿度条件。高架桥两侧行驶的汽车造成空气流通,具有提高桥阴绿地气温和降低相对湿度的作用。高架桥形成大面积的桥阴改变了桥下和周围热量分布状况,造成了桥内外的温湿度差,易发生较明显的空气对流,形成桥下风。桥外越空旷,桥下风速越大,也加快了桥阴绿地中的土壤水分蒸发和植物蒸腾作用,使少水的桥阴绿地更易发生干旱。

2）土壤因子特征

土壤是植物生存和生长发育的基础,土壤是由固相(矿物质、有机质、生物体)、液相(土壤水分)和气相(土壤空气)所构成的系统,通常固相占一半,其他两相占一半。土壤组分与植物生长密切相关。城市高架桥最初建设时(道路中后建设期除外)已将原位置大量表土清出,深层土被翻到表层,土中

混杂了大量的渣石和其他废弃物。虽然桥阴绿地建设中进行了换土和土壤改良,但土质黏性大、易板结、透气性差,有机质含量低,保水保肥性能差,加之桥阴遮盖,不利于植物根的生长发育,往往造成新植树木的生长不良或死亡。桥阴绿地紧邻城市干道,道路扬尘、交通废气等容易在绿地土壤中沉降和聚集,有些高架桥将桥面雨水直接排往桥阴绿地,使得桥阴绿地土壤遭受石油类、重金属等有毒有害物质污染,给植物正常生长造成进一步的威胁。吴俊义(2000)等对上海高架桥下土壤进行了取样分析,发现总体 pH 值为 8.0～8.5,电导率3～4.2(ms/cm),有机质含量 1.0％～1.5％,持水量 0.45％,结论为土壤盐分较高,不利于植物生长。

3) 地理因子

地理因子是指高架桥桥阴绿地建设受所在城市的地理位置、高架桥所经过的具体地段环境小气候等因素共同作用,故桥阴绿地建设需因地制宜。

4) 生物因子

城市桥阴绿地是典型的人工绿化及栽植环境,加之用地面积有限,绿地中少有动物生存,局部环境良好地段有少量的土壤昆虫之类的动物存活。微生物数量稀少,影响桥阴绿地的有机物分解、营养供应等环节,需要人工定期补充肥力和营养元素。

5) 人为因子

桥阴绿地常遭受人为因子的影响:川流不息的车辆带来严重的汽车尾气、扬尘污染,叶面积灰、积垢严重,往往造成枯梢、叶枯和叶皱,甚至造成生理性霉污病或死亡。陈敏(2006)调研发现高架桥两侧车流量与桥下叶面滞尘量呈正相关。由于属于"灰色"空间,单位管理不到位,桥阴绿地大多存在工程破坏、踩踏严重、干旱少水等情况,绿地景观质量差(见图 1-12)。

高架桥下绿地属于人工栽植地,存在着不利于植物正常生长的气候、土壤、生物、人为因子,桥阴绿地良性景观的营建需要更多与改善生境条件相关的理论和实践作为技术支撑,并不断进行实证反馈和方案改进。

## 1.3.3 桥阴绿地景观

桥阴绿地景观指高架桥下的桥阴绿地中所有的景观元素组成的场景。

图 1-12　高架桥下人为踩踏的绿地景观

桥阴绿地景观可以改善城市高架桥下消极空间。比如桥阴绿地植物具有的吸尘减噪功能，花、叶、果、枝、形、香等营造的美好视觉、嗅觉和其他季相景观效果（见图 1-13）。在兼顾周边环境处理同时，桥阴绿地景观还可以营建出一系列休闲、娱乐、城市文化展示与传承的公共场所。然而高架桥下生态环境比一般的绿地生境条件恶劣，而且不同地点、不同类型的高架桥情况各不相同，因此桥阴绿地景观营建需要因地制宜处理，兼顾桥下特殊的生境条件，如光照特征、高架桥周围环境，利用空间特点等来进行科学栽种。顾凌坤等人提出应科学对待桥下的"强行绿化"。

图 1-13　高架桥阴下良好的植物景观

在环境条件允许的情况下，高架桥下空间甚至可以开辟成生态化、人性化的休闲空间，兼顾绿化、水体等软质景观元素和铺装、小品、设施等硬质景观元素的合理配置。黎国健对城市高架桥"着装"问题进行了深入探讨，提

出针对不同地段应用不同的景观设计手法,并运用植物、壁画、色彩、灯光、塑石、水体及其他多种元素对高架桥进行装饰,打破其传统的景观模式,使高架桥下空间成为城市一道道亮丽的风景线。著名建筑师路易斯·康就曾说过:"高架交通建筑从周围地区进入城市,从这点看,它必须更为细致地建造,甚至花些钱,以求在战略上使这一场所与城市中心保持一致。"

在不影响安全行车前提下,对桥上设施、桥梁(板)、桥墩柱等进行多材质、颜色、设施(灯光)的主题装饰美化,使之成为趣味性的公共场所空间;同时也可以结合统一管理的商业广告、海报装饰为城市管理带来一定的经济效益。在开辟休闲场所时,设置安全通道,关注场所景观的人性化处理,特别是融入特定的地方文化主题,如四川德阳高架下川文化景观处理、四川成都市的人南立交桥下公园都是相当精彩的案例,甚至可以让高架桥下成为人们乐于交往的公共空间。

## 1.3.4　桥阴绿地植物

### 1.3.4.1　植物耐阴性判断依据

植物的耐阴性(shaded-tolerance,shade-adapted)是指植物适应弱光的能力,是植物为适应低光量子密度,维持自身系统平衡,保持生命活动正常进行而产生的一种适应环境的能力。耐阴性一般由植物遗传特性和植物对外部光环境变化的适应性范围两方面决定,是植物的一项重要性状。通常植物的耐阴性可以从叶片形态、构造解剖、光学特性、电子传递、生理生化反应、细胞组织、叶绿体结构、光合器官及原生质结构特点等综合表现。

耐阴植物的筛选和应用是合理建立复层种植结构、提高绿地单位面积绿化生态效益的关键措施之一,特别是在水泥森林的城市环境中模拟自然、进行生态城市建设中具有十分重要的意义。

1)外部形态推断

表1-4中从植物外部形态一般可以大致推断其对光强的适应能力:

表 1-4　植物耐阴性的外部形态一般判断标准

| 判断标准 | 阳性植物 | 阴性植物 |
|---|---|---|
| 树冠形状 | 伞形 | 圆锥形且枝条紧密 |
| 树冠叶幕区 | 稀疏透光,叶片色淡,质薄,叶片寿命短 | 浓密,叶片色浓,质厚,叶片寿命长 |
| 叶片形状 | (针叶树)针状叶片树<br><br>(阔叶树)大多落叶树 | (针叶树)扁平或鳞片状叶,表背面分明<br><br>(阔叶树)大多常绿树 |
| 生长发育 | 快 | 慢 |
| 开花结实 | 早 | 迟 |
| 寿命 | 短 | 长 |
| 生境特征 | 耐干旱瘠薄,抗高温、病虫害能力较强 | 需要较湿润、肥沃土壤,抗高温、病虫害能力较弱 |
| 外界因素影响 | 成年树<br>耐干旱寒冷和瘠薄土壤 | 幼苗、幼树<br>喜湿润和肥沃土壤 |

注:根据刘常富,陈玮的《园林生态学》一书的表 2-1 整理而成。

2)栽植实验观察植物生长量

通过遮阴实验观测植物的耐阴能力。通常在水肥、其他生境条件基本一致的情况下,对比不同程度遮阴条件下和无遮阴条件下,同种或不同种植物外部生长发育情况,如新梢长度、根茎直径、叶、茎、根、总干重、单株叶面积等指标,并进行较为精细耐阴性能的衡量比较,得出在低光照条件下生长量大的植物耐阴性强。

3)植物叶片的光合特性

植物对光强的适应能力,可以从植物有效生长期中叶片光补偿点(light compensation point,LCP)、光饱和点(light saturation point,LSP)等指标度量界定。光补偿点是指植物光合作用吸收的 $CO_2$ 与呼吸作用释放的 $CO_2$ 达到平衡状态时的光照强度。光饱和点是指植物光合强度随光照强度增加而增加到一定值后,不再随光强增强而变化时的光照强度值。光饱和点时的

光合速率表示植物同化$CO_2$的最大能力。光补偿点的高低是植物在低光强下能否健壮生长的标志之一,是植物生长发育的一个重要临界点。光补偿点和光饱和点一般都随着植物不同品种,同一植物的不同部位和生长发育阶段,个体和群体以及外界温度等条件而发生变化。通常,具有高饱和点和高补偿点的植物为阳性植物或阳性耐阴植物,较低饱和点和较低补偿点的植物为阴性植物或阴性耐阴植物。不同植物叶片适宜条件下的光补偿点和饱和点不同(见表 1-5)。

表 1-5　园林常见植物叶片在自然最适条件[1]下的光补偿点和光饱和点

| 植 物 类 群 | | 光补偿点<br>($\mu mol \cdot m^{-2} \cdot s^{-1}$) | 光饱和点<br>($\mu mol \cdot m^{-2} \cdot s^{-1}$) |
| --- | --- | --- | --- |
| 1 草本植物 | 阳生 | 18.5～37 | 925～1480 |
| | 阴生 | 3.7～5.55 | 92.5～185 |
| 2 木本植物 | | | |
| 1)落叶树 | 阳生 | 18.5～27.75 | 462.5～925 |
| | 阴生 | 5.55～11.1 | 185～277.5 |
| 2)常绿树 | 阳生 | 9.25～27.75 | 370～925 |
| | 阴生 | 1.85～3.7 | 92.5～185 |
| 3 蕨类 | | 1.85～9.25 | 37～185 |
| 4 沼生植物 | | 18.5～37 | 185～555 |

注:参考刘常富,陈玮的《园林生态学》一书的表 2-2 改绘。

### 1.3.4.2　我国桥阴绿化植物研究

随着我国 20 世纪 80 年代城市高架桥开始建设,人们在 20 世纪 90 年代便开始关注高架桥的绿化、美化工作。沈阳市园林科研所的孙淑兰(1992)较早进行了用五叶地锦(*Parthenocissus quinquefolia*)绿化立交桥的相关实验并得出结果,表明五叶地锦具有较好的耐阴性。陆明珍(1997)着重探讨

---

[1]　"自然最适条件"是指自然环境中的二氧化碳浓度和最适合的叶片温度。

了上海高架路下立柱垂直绿化植物选择,进行了爬山虎($P.\ laetevirens$ $Rehd$)、绿爬山虎($P.\ laetevirens$)、五叶爬山虎($P.\ quinquefolia$)、变色络石($Trachelospermum\ jasminoides$)、扶芳藤($Euonymus\ fortunei$)5种植物的试种实验,发现五叶爬山虎光照适应性极好,在多种光照条件下均可生长,甚至在300 lx左右仍有少量生长,其最佳光照是5000 lx,光照率10%,光补偿点260 lx,其余均不理想。爬山虎在普陀区靠近立柱外光照较好的地方才能存活,但生长瘦弱,生长3年没有一株能自行爬上立柱;绿爬山虎仅少数生长较好,多数停止生长并逐渐死亡;变色络石已全部死亡;扶芳藤仅有少量生长。徐晓帆(2005)对深圳市立交桥垂直绿化植物常用的爬山虎、薜荔($Ficus\ pumila\ Linn.$)、炮仗花($Pyrostegia\ venusta$)、黄素馨($Jasminum$ $floridum\ Bunge$)、五爪金龙($Ipomoea\ cairica$)、金银花($Lonicera\ japonica$ $Thunb$)等10余种攀缘植物生长特性及景观问题进行了综合分析,提出了立交桥垂直绿化植物的配植要根据其自身生长特性、拮抗性和互补性进行选择。丁少江等(2006)通过对深圳市11座立交桥上11种常绿、花色攀援植物进行大田栽培研究,筛选出适宜立交桥种植的垂直绿化种类,结合现有立交桥的垂直绿化条件,进行不同种间配置的研究,找出垂直绿化种间的最佳配置组合。关学瑞(2009)等从高架桥所在地区的生态环境、适生种类的选择以及高架桥绿化的养护管理、景观配置模式4个方面对国内的高架桥绿化及研究现状进行了分析和探讨,指出了存在的问题和解决方法,并对国内高架桥绿化的前景进行了展望和较全面的文献综述研究。此外还有王竞红(2007)对哈尔滨市高架桥绿化情况进行了调研,王俊丽(2006)、马晓琳(2006)分别对北京市高架立交桥绿化植物的选择、配置模式进行了研究,李晓霞(2010)对重庆市高架桥绿化进行了研究,管俊强、李海生分别对广州市高架立交桥桥底、桥身绿化进行了研究。此外深圳市、贵阳市、杭州市、苏州市、长沙市等地的科研人员也分别对所在城区高架桥绿化现状与植物选择进行了相关研究。王雁在其博士论文中对北京市乔、灌、草、藤四类共81种主要园林植物的耐阴性及其应用进行了深入研究,对北京地区桥阴植物选择以及其他地区耐阴植物筛选研究都具有很好的参考意义。

相对慎建或少建高架桥的国外城市而言,城市高架桥在中国各大城市

近 20 年却得到了迅猛的发展,目前主要的桥阴空间利用方式是以桥下绿化和交通为主,但探讨桥阴绿地及其景观积极有效、科学合理利用的专题研究还不多。对于桥阴绿地中自然光环境的分布规律与桥体建设相互关系探讨的文献更少。国外少有涉及高架桥下绿化景观研究的文献,并缺少案例支撑。

植物耐阴性的研究技术相对较成熟,但与城市人工构筑物遮阴环境,尤其是类似城市高架桥下这种狭长、上层顶面遮盖、桥体两边通透的户外空间中进行对应自然光环境特征进行配置的专题研究还不多。这些都需要寻找研究方法和手段进行深入探讨,为城市桥阴绿地景观的合理营建提供参考。

# 1.4　本章小结

本章提出了关注城市高架桥发展及其负面环境影响的紧迫性;再从高架桥、桥阴绿地、桥阴绿地生境等几个主要相关概念的辨析阐述了本书研究的主要对象及相关特征。

对国内外城市高架桥下空间利用、耐阴植物利用等的研究结果进行了相关知识的梳理和总结,明确了基于自然光环境的城市高架桥下桥阴绿地景观研究的必要性和重要性,同时也指出了相关研究的局限性,这正是本书开展相关研究的立脚点所在。

# 第二章　武汉城市高架桥下空间及绿化

## 2.1　武汉市自然概况

### 1）自然区位与气候

武汉市简称"汉",又名"江城",是湖北省省会城市。因武汉市有众多湖泊,素有"百湖之市"之称,位于江汉平原东部,地理坐标为东经 113°41′—115°05′,北纬 29°58′—31°22′。全市总面积 8494 km²,辖江岸、武昌、青山等 13 个行政区,以及武汉经济技术开发区等 10 个经济开发区和东湖生态旅游风景区。截至 2013 年末,建成区面积 534.28 km²,大部分地区在海拔 50 m 以下。长江和汉江在城市中汇合,将武汉分为历史上盛名的武昌、汉口、汉阳三镇。

武汉市属于北亚热带季风性湿润气候,雨量充沛、日照充足、夏季酷热、冬季寒冷。年均气温 15.8 ℃～17.5 ℃。夏季长达 135 天,夏季正午太阳高度角可达 88°。因地处内陆,地形如盆地导致集热容易散热难,河湖较多使得夜晚水汽多,加上城市热岛效应和伏旱时副高控制,夏季闷热,普遍最高气温高于 37 ℃,极端最高气温甚至达 44.5 ℃。年降水量在 770～1570 mm 之间,降雨主要集中在 4—9 月份,初夏梅雨季节雨量尤为集中。武汉活动积温在 5150 ℃左右,年无霜期在 240 天左右,年日照总时数在 2000 小时左右。

### 2）武汉市光照条件

利用基于 Ecotect Analysis 2011 软件(© 2009 Autodesk,Inc.,U. S. A)开发的 Weather Tool 软件,查看其收集的武汉市(东经 114.1°,北纬 30.6°)30 年(1971—2000 年)气候条件具体变化情况,尤其是与本文研究相关的日照变化。

由图 2-1 可知,6 月 18 日(近夏至日)武汉太阳最早 5:30 日出,19:00 日落,日照时长 13.5 h,12 月 24 日(近冬至日)太阳最早 7:30 日出,17:00 日落,日照时长 9.5 h。通常植物生长有效期间(4 月 1 日—10 月 31 日)共有的日出日落时段为早上 7:00—17:00,这为后面章节的测试桥下自然光环境提供依据。

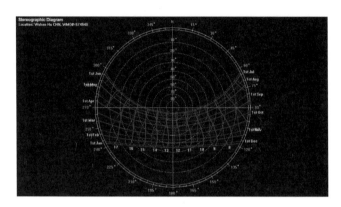

**图 2-1　武汉市年均太阳高度角变化轨迹**

由图 2-2 可知武汉市年均逐日太阳辐射及年均月变化、日变化详细情况。7 月直接日辐射达到最高值,约为 500 W/m²,间接辐射为最低 170 W/m²;1 月份的直接太阳辐射热最低,约为 135 W/m²,其间接辐射与 2 月、3 月、5 月、11 月、12 月大致相当,为 200 W/m²。3 月、11 月日温差变化大,最

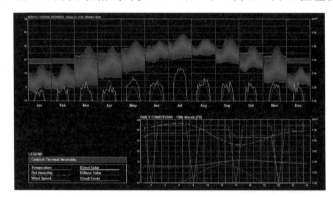

**图 2-2　武汉市年均逐日太阳辐射及温度气象数据**

说明:黄色实线——太阳直接辐射线(W/m²);黄色虚线——漫辐射线(W/m²);深蓝色实线——温度线(℃,高中低分别表示日均最高温线、平均温线、最低温线);绿色填充区域——舒适度范围;绿色虚线——湿度线(%);横坐标为时间(上图为月份每日,下图为一天 24 小时时间),左边纵坐标代表温度(℃),右边纵坐标代表太阳辐射量(W/m²)。

大日温差可达 28 ℃,4—5 月的日温差变化其次,日最高温度可达 23 ℃,8 月和 12 月日温差变化最小,在 6~10 ℃ 范围内波动。1 月平均气温最低为 0.4 ℃;7 月、8 月平均气温最高约为 28.7 ℃。日均温度稳定在 10 ℃ 以上的月份为 4—10 月,也即本书研究植物有效生长期的时间范围。

平均每周湿度变化图从图 2-3 中可知,一年中总体湿度变化为早晚高,中午低的较平滑"凹谷"型,12 月份中午还出现更低的"凹谷"情况。在 16~40 周中间的白天还出现规则性的浅色"凸起"段,表示降雨集中在 4 月中旬至 9 月初,尤其是 4 月中下旬至 6 月中旬为典型的梅雨季节。

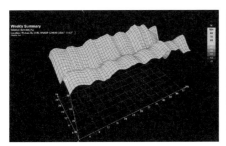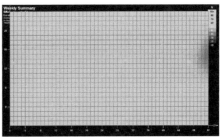

**图 2-3 武汉平均每周湿度日变化**

注:颜色越偏蓝色代表湿度越大,偏绿湿度越小,x 轴表示一年 52 周数,
y 轴表示一天 24 小时,z 轴表示湿度值。

## 2.2 武汉市高架桥建设

2010 年 9 月武汉市机动车保有量突破百万大关。2014 年末,汽车保有量达 163.70 万辆,比上年同期增长 23.9%,同比提高 4.4 个百分点,增速高于全部民用车辆 6.3 个百分点。至 2015 年 8 月,武汉机动车保有量突破 200 万辆,5 年内机动车剧增百万[1]。越来越多的机动车出行加剧了交通拥堵,城市高架桥在解决道路交通拥堵中扮演了重要的角色,将城市陆地平面交通形式变为多层立体布局结构,有效地提高了城市机动车交通的车速和安全通行能力。基于此,武汉城市高架桥建设得到快速发展。

[1] 武汉机动车保有量突破 200 万辆,5 年内机动车剧增百万.湖北日报,2015-08-14。

　　武汉市最早在 1988 年建成了第一座城市高架桥——琴台高架桥,有效承载了 1957 年修建的武汉长江大桥至汉阳、汉口、武昌的交通流量。2000年及以前主城区(三环线以内)的高架桥共 11 座;2001—2010 年陆续兴建三环线、中环线等近 15 座高架交通,2011 年 1 月随着三环线东段的通车,这一年有 14 座(段)高架桥通车,武汉市高架桥交通得到了前所未有的迅猛发展。2015 年 9 月,随着武汉雄楚大街高架公交快速通道、虹景立交等的建成通车,加之新技术、新材料等融入高架桥设计和构造,武汉市高架桥建设又将迎来新一轮的递增。

　　武汉城市高架桥主要是指建成区三环线及以内的所有供汽车通行的道路高架桥,不含此范围外的国土高架桥和轨道高架桥部分。具体见表 2-1,图2-4。

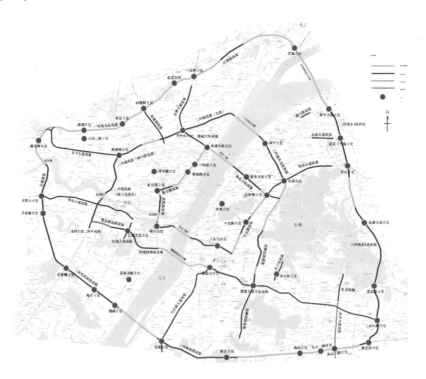

**图 2-4　武汉市高架桥分布图**

表 2-1　武汉市高架桥基本建设信息

| 序号 | 高架桥名称 | 布局 | 区域位置 | 通车时间 | 桥体规模/m | | 桥架类型 | 最大跨径/m | 净空/m | 备注 |
|---|---|---|---|---|---|---|---|---|---|---|
| | | | | | 全长 | 桥宽 | | | | |
| 1 | 琴台高架桥 | 由南向北向人字形两线立交构成 | 一环线（汉阳·古琴台龟山下） | 1988.3 | 841 | 9.5~12（合线处） | 连接钢箱梁结构·Y形墩柱 | 28 | 1~8 | 武汉第一座城市高架桥 |
| 2 | 大东门高架桥 | 东-西走向单线高架桥 | 一环线（武昌·中山路与武珞路交合处） | 1990.11 | 450 | 16.5 | 预应力钢筋砼空心板简支梁 | 20 | 2.5~8 | |
| 3 | 航空路高架桥（第一座多层高架） | 东-西走向3层立交高架 | 一环线（汉口·解放大道航空路-新华路段） | 1992.7 | 2197 | 16 | 预应力钢筋砼空心板简支梁·大挑臂变高度钢箱梁等组合 | 18 | 2.5~12 | |
| 4 | 中山路高架桥 | 南北向单线高架 | 武昌·中山大道武昌火车站前段 | 1993.12 | 900 | 10 | 预应力钢筋砼空心板简支梁 | 20 | 2~6 | 2007.9已拆·改为地下通道 |
| 5 | 三阳路高架桥 | 东北-西南向一块板单线高架桥 | 一环线（汉口·解放大道三阳路至解放公园路段） | 1994.11 | 1025 | 16 | 预应力钢筋砼空心板简支梁体系 | 20 | 2~8 | |

33

续表

| 序号 | 高架桥名称 | 布局 | 区域位置 | 通车时间 | 桥体规模/m | | 桥梁类型 | 最大跨径/m | 净空/m | 备注 |
|---|---|---|---|---|---|---|---|---|---|---|
| | | | | | 全长 | 桥宽 | | | | |
| 6 | 武胜路高架桥 | 南-北走向一块板单线高架桥 | 一环线（汉口：中山大道解放路口） | 1994.12 | 1175 | 16 | 预应力钢筋砼空心板简支梁。下部为预应力独墩结构。Y形 | 18 | 2～7 | |
| 7 | 青年路高架桥 | 南-北走向一块板单线高架桥 | 一环线（汉口：解放大道青年路口） | 1994.12 | 564 | 16 | 预应力钢筋砼空心板简支梁。双方柱 | 20 | 3～9 | |
| 8 | 张公堤高架桥 | 东北-西南走向单线高架 | 汉口：张公堤和三环线交会处 | 1994.12 | 266 | 28 | 简支梁桥 | 18 | 1～6 | |
| 9 | 黄浦路高架桥 | 南-北走向双线高架 | 一环线（汉口：解放大道与黄浦路相交处） | 1995.6 | 2157 | 24 | 箱形、丁形、板式砼梁。桥下双柱式排架和双柱式排架Y形架墩。隐盖梁。匝道为V形钢筋砼墩桩 | 20 | 2～7 | |

续表

| 序号 | 高架桥名称 | 布局 | 区域位置 | 通车时间 | 桥体规模/m | | 桥梁类型 | 最大跨径/m | 净空/m | 备注 |
| --- | --- | --- | --- | --- | --- | --- | --- | --- | --- | --- |
| | | | | | 全长 | 桥宽 | | | | |
| 10 | 滨阳高架桥 | 东西走向公路高架桥 | 汉阳:武汉经济开发区 318 国道至升官渡东岳庙段 | 1997.11 | 3476 | 16 | 先简支后刚构连续混合体系,22联 | 30 | 2~10 | |
| 11 | 建六路高架桥 | 偏东西走向三层高架 | 武昌:青山区和平大道与建六路、工业二路交会处 | 2000.10 | 680 | 17 | 中间三跨梁为现浇连续梁,其余为预制件,预应力钢筋砼简支梁桥 | 28 | 2.2~7 | |
| 12 | 额头湾高架桥 | 团状互通立交 | 三环线西(汉口:工农路与三环线交会处) | 2001.7 | 747 | 32 | 现浇混凝土箱梁结构 | 20 | 1~5.5 | |
| 13 | 香港路高架桥 | 东北-西南向单线高架 | 一环线(汉口:解放大道与香港路交会处) | 2005.5 | 470 | 18 | 钢箱梁 | 97 | 2~6 | |
| 14 | 南泥湾高架桥 | 东西走向,单线跨铁路高架桥 | 汉口:长丰大道西端近二环线段 | 2005.9 | 850 | 18 | 现浇混凝土箱梁结构 | 20 | 4~12 | |
| 15 | 中山北路高架 | 近南北走向,单线高架 | 武昌:友谊大道-高级法院段 | 2005.10 | 500 | 18 | 现浇混凝土箱梁 | 20 | 0.6~7 | |

续表

| 序号 | 高架桥名称 | 布局 | 区域位置 | 通车时间 | 桥体规模/m | | 桥梁类型 | 最大跨径/m | 净空/m | 备注 |
|---|---|---|---|---|---|---|---|---|---|---|
| | | | | | 全长 | 桥宽 | | | | |
| 16 | 三环线西南段高架 | 偏东南-西北走向高架路 | 三环线（汉阳：十升路至鹦鹉向高架路延长线） | 2007.1 | 5100 | 25.5 | 预应力混凝土空心板，下部结构为大悬臂预应力盖梁双柱墩 | 25 | 1.5~10 | 改造现有汪家嘴、鹦鹉两立交桥，新建梅子路等4座立交桥 |
| 17 | 老武黄公路高架桥 | 东西走向 | 三环线（武昌：老武黄公路与三环线相交段） | 2007.2 | 745 | 26 | 钢筋混凝土连续箱梁·圆柱形桥墩 | 20 | 2~13.5 | |
| 18 | 三环线南段高架 | 东北至东西单向高架 | 三环线（武昌：南段青菱立交向东至野芷立交全程高架桥） | 2007.2 | 7200 | 26 | 钢筋混凝土连续箱梁·圆柱形桥墩 | 24 | 2~10 | |
| 19 | 三环线北环高架 | 东西单向高架路 | 三环线（汉口：额头湾立交桥至三金潭立交段） | 2007.2 | 8530 | 26 | 钢筋混凝土连续箱梁·圆柱形桥墩 | 20 | 2~10 | 3座立交全长 |
| 20 | 常青高架桥 | 互通立交高架·主桥东北至西南走向 | 汉口：三环线北段与常青路相交段 | 2007.6 | 2540 | 26 | 钢筋混凝土连续板梁·方柱形桥墩 | 20 | 2~6 | |

续表

| 序号 | 高架桥名称 | 布局 | 区域位置 | 通车时间 | 桥体规模/m | | 桥梁类型 | 最大跨径/m | 净空/m | 备注 |
|---|---|---|---|---|---|---|---|---|---|---|
| | | | | | 全长 | 桥宽 | | | | |
| 21 | 关山大道高架桥 | 单线东西向高架 | 武昌:三环线南段与关山大道相交段 | 2007.10 | 765 | 26 | 钢筋混凝土连续板梁·圆柱形桥墩 | 24 | 1~6 | 中间有主动导光缝 |
| 22 | 光谷大道高架桥 | 单线东西向高架 | 武昌:三环线南段与光谷大道相交段 | 2007.10 | 663 | 26 | 钢筋混凝土连续板梁·方柱形桥墩 | 20 | 1.5~6.6 | |
| 23 | 岳家嘴高架桥(含徐东高架) | 南北向、东西向互通立交高架 | 一环线(武昌:中北路与徐东大街交会段) | 2008.4 | 1600 | 19.匝道宽7 | 钢筋混凝土连续板梁 | 41.5 | 2~12 | |
| 24 | 卓刀泉高架桥 | 双"人"字形3层团状高架 | 武昌:珞瑜路与卓刀泉路交汇处 | 2008.12 | 810 | 主桥宽12~18.匝道7 | 钢筋混凝土弧形箱梁铝材包裹·光滑 | 24 | 1.5~12 | 江城首条彩色路面高架桥 |
| 25 | 古田二路新墩高架 | 南北走向单向高架 | 汉口:南起长丰大道·北止三环线 | 2009.12 | 653 | 24 | 钢筋混凝土连续板梁 | 26 | 3~7 | |
| 26 | 珞狮北路高架桥 | 南北走向单向高架·有上下面道 | 二环线(武昌:东段珞狮路街道口至八一路段) | 2010.11 | 1726 | 18.匝道宽9 | 鱼腹钢箱梁·花瓶墩 | 26 | 0.6~7.7 | |

续表

| 序号 | 高架桥名称 | 布局 | 区域位置 | 通车时间 | 桥体规模/m | | 桥梁类型 | 最大跨径/m | 净空/m | 备注 |
|---|---|---|---|---|---|---|---|---|---|---|
| | | | | | 全长 | 桥宽 | | | | |
| 27 | 三环线东1段高架 | 南北走向 | 三环线（武昌:和平大道至团结大道段） | 2011.1 | 1667 | 26 | 钢筋混凝土连续箱梁·长方柱墩 | 30 | 2~14 | 中间有主动导光 |
| 28 | 三环线东北段高架 | 东北至西南走向单向高架 | 三环线（汉口:湛家矶大道至平安铺立交段） | 2011.1 | 2927 | 26 | 钢筋混凝土连续箱梁·长方柱墩 | 30 | 2~10 | |
| 29 | 三环线东2段高架 | 南北走向单向高架 | 三环线（武昌:落雁路段至新武黄立交段） | 2011.1 | 9650 | 26 | 钢筋混凝土连续箱梁·长方柱墩 | 30 | 2~14 | 中间有主动导光 |
| 30 | 黄浦大街高架 | 西北至东南走向单线高架 | 汉口:武汉大道黄浦大街至唐家墩段 | 2011.5 | 3894 | 26 | 钢箱梁 | 30 | 2~8 | 联系一环和二环 |
| 31 | 徐东大街高架 | 西北至东南走向单线高架 | 一环线（武昌:东北段长江二桥至岳家嘴立交段） | 2011.6 | 1417 | 26 | 钢筋混凝土连续箱梁·长方柱墩 | 30 | 0.8~6 | |

续表

| 序号 | 高架桥名称 | 布局 | 区域位置 | 通车时间 | 桥体规模/m | | 桥梁类型 | 最大跨径/m | 净空/m | 备注 |
|---|---|---|---|---|---|---|---|---|---|---|
| | | | | | 全长 | 桥宽 | | | | |
| 32 | 金桥大道高架 | 近南北走向单线高架 | 汉口:武汉大道竹叶山立交至金桥立交段金潭段立交段 | 2011.9 | 6216 | 26 | 钢筋混凝土连续箱梁·长方连续箱梁·斜腹板连续钢箱梁·桥墩为花瓶墩 | 150 | 1~12 | 联系三环和二环 |
| 33 | 中北路高架 | 东北至西南走向 | 一环线(武昌:东湖路至田汉大道立交院段) | 2011.9 | 1014 | 17 | 钢筋混凝土连续箱梁 | 24 | 1~10 | |
| 34 | 竹叶山高架桥 | 共4层互通式立交高架 | 二环线(汉口:发展大道至二七路) | 2011.9 | 3894 | 26 | 钢筋混凝土连续箱梁 | 30 | 1~23.5 | 最高、最复杂高架立交群 |
| 35 | 红庙高架桥 | 南北走向单线高架 | 三环线(武昌:二环线与中北路延长线交会处) | 2011.9 | 655 | 26 | 钢筋混凝土连续箱梁 | 30 | 2~7 | |
| 36 | 白沙洲大道高架 | 东北至西南走向单线高架 | 武昌:起于梅家山立交·止于青菱立交 | 2011.10 | 7200 | 26 | 墩柱为花瓶武桥墩,上部结构采用混凝土箱梁和钢箱梁两种 | 49 | 1~10 | 串联一环,二环和三环 |

续表

| 序号 | 高架桥名称 | 布局 | 区域位置 | 通车时间 | 桥体规模/m | | 桥梁类型 | 最大跨径/m | 净空/m | 备注 |
|---|---|---|---|---|---|---|---|---|---|---|
| | | | | | 全长 | 桥宽 | | | | |
| 37 | 珞狮南路高架桥 | 南北走向单线高架 | 二环线（武昌：珞狮路南路文秀街至野芷湖大桥） | 2011.10 | 1920 | 18~27.5 | 钢筋混凝土连续箱梁 | 20.4 | 2~10 | 串联二环和三环 |
| 38 | 雄楚大街高架桥 | 南北向单线 | 二环线（武昌：马房山通道南侧口跨雄楚大街段） | 2011.10 | 996 | 26 | 钢筋混凝土连续箱梁 | 22 | 1~8 | |
| 39 | 二环线北段高架桥 | 东西向单线高架 | 二环线（汉口：汉西路发展大道三七长江大桥引桥） | 2011.12 | 9700 | 26 | 双层单向桥梁长度560m | 30 | 1~8 | 含三七大桥引桥至新华路段；常青路至汉西路汉江二桥引桥段 |
| 40 | 姑嫂树路高架桥 | 西北至东南走向 | 汉口：发展大道至三环线接将军路 | 2012.11 | 2870 | 18 | 钢筋混凝土连续箱梁 | 42 | 1~10 | |

40

续表

| 序号 | 高架桥名称 | 布局 | 区域位置 | 通车时间 | 桥体规模/m | | 桥梁类型 | 最大跨径/m | 净空/m | 备注 |
|---|---|---|---|---|---|---|---|---|---|---|
| | | | | | 全长 | 桥宽 | | | | |
| 41 | 中北路延长线高架桥 | 东西走向单线 | 武昌:红庙立交以东至三环线青化立交西侧 | 2013.10 | 3770 | 26 | 钢筋混凝土连续箱梁 | 40 | 1~8 | |
| 42 | 二环线水东段高架桥 | 南北走向单线高架 | 二环线(武昌:红庙立交高架至和平大道段) | 2014.10 | 3970 | 26 | 钢筋混凝土连续箱梁 | 35 | 1~12 | |
| 43 | 虹景高架桥 | 东西走向高架 | 路喻路至路喻东路 | 2015.09 | 384 | 26 | 钢筋混凝土连续箱梁 | 35 | 1~8 | |
| 44 | 雄楚大街高架桥 | 东西走向快速公交高架 | 梅家山立交,以高架形式到武到光谷大道 | 2015.09 | 12100 | 26 | 钢筋混凝土连续箱梁 | 50 | 2~28 | 两层高架处净空高 |
| 计 | | | | 共44座,总长度为120.81km,总面积为292万平方米。 | | | | | | |

注:此表结合现场实测调研,文献查阅,"武汉城建档案","武汉市城乡建设委员会"官网搜索""武汉高架桥""立交桥"等关键词综合信息整理而成,统计截止时间为2015年9月。不包含全市目前唯一的一条轻轨高架。

从表 2-1 可知,武汉市高架桥增长速度在 2006—2010 年段及 2011 年呈现出快速直线上升增长趋势(见图 2-5)。如此急速增长态势,对一个城市的长远建设及发展不利,尤其是城市高架桥所产生的系列负面影响,值得人们冷静思考。

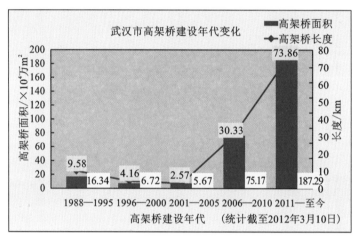

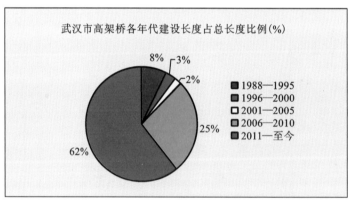

图 2-5　武汉市城市高架桥建设发展情况

## 2.3　武汉市高架桥下空间利用

武汉市高架桥下空间利用有机动车交通、绿化、停车、商业、市政、休闲、建筑、闲置8种方式，但以交通、绿化以及"交通＋绿化分车带"结合的利用形式为主。在交通用途中包括公交站、机动车停车场2种静态交通形式；绿化用地中设置有少量市政设施、建筑设施布置，少量商业、休闲用途，新建高架桥和三环线桥下空间大多暂时以闲置为主，具体情况见表2-2。

表 2-2　武汉高架桥下空间利用方式

| 类别 | 利用方式 | 高架桥名称 | 数量 | 桥下面积/×10⁴m² | 占总面积比例/% | 备注 |
|---|---|---|---|---|---|---|
| A | 机动车交通 | 大东门高架 a＋b、航空路立交高架、中山路高架（已拆）、三阳路高架 a＋b、青年路高架、张公堤高架、沌阳高架、建六路高架、南泥湾高架 b＋c、古田二路新墩高架 | 10 | 15.52 | 7 | （1）a 表示兼有停车场，b 表示兼有市政设施（主要为小变电站房），c 表示兼有商业行为（小零售、看车），d 表示兼有休闲（2）桥下空间面积为桥面面积的85% |
| B | 绿化为主 | 琴台立交高架 b＋c、常青立交高架、岳家嘴立交高架 a＋b＋d、卓刀泉立交高架 b、关山大道高架 b、光谷大道高架 b | 6 | 13.17 | 6 | |
| C | 绿化分车带＋交通 | 中山北路高架、黄浦路高架、武胜路高架 c、香港路高架、珞狮北路高架桥 b、黄浦大街高架、徐东大街高架 d、金桥大道高架 b、中北路高架 b、竹叶山立交高架 b、红庙高架、白沙洲大道高架、珞狮南路高架桥 b、雄楚大街立交高架、二环线北段高架、姑嫂树路高架、中北路延长线高架、二环线徐东段高架 | 19 | 111.1 | 50.3 | |

续表

| 类别 | 利用方式 | 高架桥名称 | 数量 | 桥下面积 /×10⁴ m² | 占总面积 比例/% | 备注 |
|------|---------|-----------|------|------------------|----------------|------|
| D | 闲置 | 三环线西南段高架 b、额头湾立交高架、老武黄公路立交高架 b、三环线南段高架 b、三环线北环高架 b、三环线东 1 段高架 b、三环线东北段高架 b、三环线东 2 段高架 b | 8 | 80.98 | 36.7 | 其下全部为预留绿化用地 |
| 总计 | | | 43 | 220.77 | 100 | |

经初步统计,武汉市高架桥下空间总面积约为 220.77 万平方米,桥下空间利用形式主要集中在"交通＋分车绿化带"的 C 类利用形式(见图 2-6)。桥阴绿地中一般都安排少量的市政设施和简单的建筑构筑物。

**图 2-6　武汉市高架桥下空间"交通＋绿化"利用类型**

桥下停车利用的只有 3 座,桥下有商业行为的是 2 座(见图 2-7),其中古琴台立交高架下主要是结合看守自行车、摩托车的同时售卖饮料,南泥湾高架下是手工业者进行一些简单的布匹类商业交易和缝补服务。从整体来看,桥下"闲置"D 类能进行较完整的绿化,如归至 B 类,则桥下可做全幅式绿化的桥体数量占总量的 32.6%,故桥下空间利用兼顾绿化的高架桥数量将占总数的 76.7%,总桥阴绿地面积可达 115.5 万平方米。这也说明武汉市高架桥下空间的主要利用方式为桥下绿化,因此研究桥下绿地的生境特点及积极的绿地景观营建有助于更好地提升武汉市高架桥下空间景观品质。

(a)　　　　　　　　　　　　　　　　　(b)

图 2-7　高架桥下停车及简单商业行为

（a）古琴台立交高架；（b）南泥湾高架

# 2.4　桥阴绿地方式及生境特点

## 2.4.1　桥阴绿地方式

武汉市桥阴绿地常见有 3 种方式（见图 2-8）。第一种为中间分车带式桥阴绿地，即将绿地置于桥阴最中间位置。这种桥阴绿地对植物生长最不利，但却是目前武汉市高架桥下利用最多的方式，因为此种方式有利于开辟桥下交通；第二种为桥下全幅式绿地，这种绿地面积最大，有较大跨度区间，光环境变化多，与 B 类桥下空间利用形式一样，都存在中间绿化效果差的情况；第三种为两边分车带式，这种方式有利于桥阴植物接受更多的阳光和部分雨水，有利于桥阴植物的生长。

桥阴植物栽种多为常绿观叶耐阴灌木满铺式栽种，少数桥下采用了"镶边"法栽植，即从低至高方式，按一定的宽度由外至内条状式栽种。

相对比城市道路中间高架桥环境，另一种高架桥处于城郊结合部，如武汉市三环线上大多数高架桥，其下桥阴绿地一般为全幅式，周边为城市道路防护绿地。这类桥阴绿地周围少有交通干扰，可以考虑和周围绿化用地紧密结合利用。

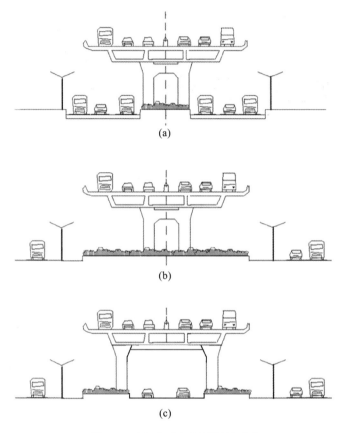

图 2-8　武汉市高架桥阴绿地形式

（a）中间分车带式桥阴绿地；（b）全幅式桥阴绿地；（c）两边分车带式桥阴绿地

## 2.4.2　桥阴绿地生境

（1）水环境：桥体遮挡使得桥下缺少雨水，绿地需水主要靠人工补给。调研时发现近40%的桥下绿地存在干旱缺水的情况，较严重的有三环线南段桥下和武胜路高架桥下。其余的人工养护管理到位，土壤水分较好。仅香港路高架、岳家嘴高架下绿地装有喷灌管，但只有香港路高架下喷灌维护良好，能正常工作。

（2）土壤环境：均为人工换土，肥力较好，但土壤疏松度不够，大多数高架桥下都有人为踩踏紧实的道路痕迹,尤其是琴台立交高架、光谷大道高架、香港路高架都存在较大面积的无绿化干硬踩踏土地。

（3）空气污染:高架桥大多数两边有匝道、城市交通干道,桥阴植物叶面上积有较厚灰尘,受交通尾气、扬尘污染较重。

（4）光环境:净空高的桥下两边绿化植物生长都较好。引桥段下光环境和水环境都很差,除开靠桥边有少量植物存活外,桥内植物大多死亡,导致桥阴下土壤全部裸露。桥体正中间最阴位置的植物也生长不良。

（5）温度:由于桥面板的遮盖,桥下温度比桥外偏低,尤其是夏季更明显,桥下内外温差可达 3～5 ℃。但这对本地耐阴植物生长的影响不明显。

## 2.4.3　桥阴绿化植物

### 1）绿化物种

经过笔者全面调查,武汉市目前桥下主要应用绿化植物共 32 种,包括:①草本 5 种:细叶麦冬（Liriope minor）、沿阶草（Ophiopogon bodinieri）、红花酢浆草（Oxalis corymbosa）、马尼拉（Zoysia matrella）、金边麦冬（Liriope spicata（Thunb.）Lour）。②矮灌木 20 种:八角金盘（Fatsia japonica）、南天竹（Nandina domestica）、茶梅（Camellia sasanqua）、洒金桃叶珊瑚（Aucuba japonica）、杜鹃（Rhododendron zaleucum）、海桐（Pittosporum kwangsiense）、含笑（Michelia fulgens）、大花六道木（Abelia ×grandiflora）、熊掌木（Fatshedera lizei）、水果蓝（Teucrium Fruitcans）、红花檵木（Loropetalum chinense）、瓜子黄杨（Buxus sempervirens）、丝兰（Yucca smalliana）、金边黄杨（Euonymus japonicus）、千头柏（Platycladus orientalis）、云南黄馨（Jasminum humile）、龟甲冬青（Ilex hylonoma）、小叶栀子（Gardenia stenophylla）、金丝桃（Hypericum bellum Li）、铺地柏（Sabina procumbens）。③高灌木类 2 种:法国冬青（Viburnum odoratissimum）、夹竹桃（Nerium indicum）。④小乔木 5 种:石楠（Photinia beauverdiana）、桂花（Osmanthus fragrans）、紫薇（Lagerstroemia speciosa）、鸡爪槭（Acer palmatum）、棕榈（Tracjucarpus fortunei）。其中,小乔木主要用在桥下净空高宽比超过 0.5 的东西向高架桥下,以及高宽比超

过 0.45 的南北向高架桥下的近路边绿地,目前只在卓刀泉高架和珞狮北路高架桥下有应用。2007 年以前的桥下绿化植物主要以八角金盘、洒金桃叶珊瑚、熊掌木+细叶麦冬的简单绿化模式,其后的高架桥下植物种类逐渐丰富(见图 2-9),但主要集中在低矮常绿灌木的应用,如海桐、熊掌木、洒金桃叶珊瑚、法国冬青、八角金盘等。

**图 2-9 武汉市高架桥阴部分植物配置景观**

(a)古琴台匝道下棕榈+熊掌木;(b)黄浦大街高架下转盘中八角金盘+塑料假刚竹;(c)徐东大街高架下细叶麦冬+洒金桃叶珊瑚+八角金盘;(d)金桥大道高架下龟甲冬青+洒金桃叶珊瑚;(e)岳家嘴高架下桂花+红花酢浆草;(f)岳家嘴高架下紫薇+南天竹+水果蓝+马尼拉;(g)卓刀泉高架下桂花+石楠+八角金盘+金丝桃+杜鹃+红花酢浆草+金边阔叶麦冬;(h)珞狮北路高架桥下紫薇+海桐+丝兰+瓜子黄杨+法国冬青+八角金盘;(i)琴台高架下八角金盘

至 2015 年 9 月,武汉市高桥架已达 53 座,总长度为 230 km,但现阶段的高架桥建设目标都围绕解决城市交通拥堵而进行,人们还没有对高架桥后时代产生的系列影响表现出足够的重视。

武汉市已于 2007 年先后拆除了两座高架桥（中山大道高架和机场路高架），并将中山大道高架改为下穿隧道，改善了武昌火车站前的交通和景观状况，景观效益和社会效益显著，这对已建和待建的城市高架桥项目提出了新的议题。改变高架桥下消极空间，实现这个城市公共空间的社会价值、景观价值、甚至经济价值等综合效益，需要从现阶段开始纳入同步研究，这也恰恰是本课题研究意义所在。本课题从光环境适应角度对近 200 ha 有桥阴绿地的桥下空间进行探讨，为桥阴绿地景观积极建设提供思考和借鉴。

# 2.5　样本高架桥

## 2.5.1　样本高架桥的选择要求

针对不同桥型，不同桥阴下绿地利用方式，不同的桥体环境，如商业、人流集中地段、市郊开敞地段、近居民地段、交通中心地段等环境，筛选符合本课题重点研究的样本高架桥，选择对象应兼顾以下几个方面的要求：

（1）桥下已有栽种时间超过一年以上，景观较为稳定且生长良好的绿化植物，同时尽量兼顾绿化植物种类较多的特点。

（2）高架桥走向需具有代表性，为了方便桥下自然光环境研究，至少要有 1～2 座近正南北走向和正东西走向的高架桥作为样本；桥体结构有主动导光的分离式和一块板式对比；桥下净空高度变化具有代表性；考虑周边环境影响，选择两边环境对桥下空间遮光严重（如建筑、高大树木等）和遮光轻微的高架桥。

（3）有条件申请桥下试种实验地和进行实证的高架桥，并作为本课题研究的样本之一，并以能就近方便实验实测和管理的高架桥为佳。

## 2.5.2　样本桥研究信息

基于上述选择条件，结合武汉市高架桥调研，笔者选定武昌区的 5 座高

架桥为本课题重点研究的样本高架桥,如图 2-10 所示。汉口区新建高架桥均集中在近一年内,其余早期建设的桥体下很多无绿化,或绿化物种单一,长势较差。5 座研究样本高架桥具体特征见表 2-3。

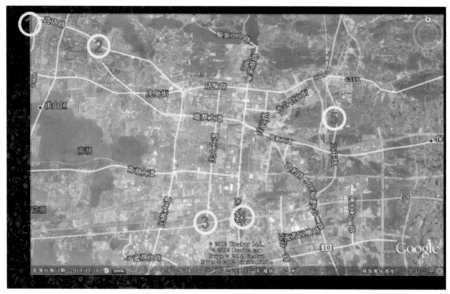

| 样本1-珞狮北路高架桥 | 样本2-卓刀泉高架桥 | 样本3-关山大道高架桥 | 样本4-光谷大道高架桥 | 样本5-三环线荷叶山段高架桥 |

图 2-10  样本高架桥位置及部分实景(2011,最新实景见第三章照片)

表 2-3  样本高架桥研究信息

| 样本 | 高架桥 | 导光 | 走向 | 栽种植物 | 生长状况描述 | 立地条件简况 | 周围环境 |
|---|---|---|---|---|---|---|---|
| 1 | 关山大道高架桥 | 有 | 东西 | 麦冬＋八角金盘 | 八角金盘片植,麦冬近路边种植,整体生长良好 | 土壤肥力较好,但水不均,光环境较好 | 周边建筑少,交通流量较大,桥下全幅式绿化 |

续表

| 样本 | 高架桥 | 导光 | 走向 | 栽种植物 | 生长状况描述 | 立地条件简况 | 周围环境 |
|---|---|---|---|---|---|---|---|
| 2 | 光谷大道高架桥 | 无 | 东西 | 麦冬＋八角金盘。试种：八仙花、银边黄杨、南天竹、洒金桃叶珊瑚、法国冬青、海桐、山茶、杜鹃、红花檵木 | 八角金盘片植，麦冬近路边种植，西段生长良好，东段不佳。引桥下除路边1m宽内有八角金盘，其余无成活 | 桥阴中间土壤较湿润，边缘土壤较干燥但光照条件较好 | 周边建筑少，交通流量较大，两边有上下坡地，桥下一块板绿化 |
| 3 | 卓刀泉高架桥 | 无 | 东西 | 小叶栀子、桂花、石楠、杜鹃、熊掌木、金丝桃、红花酢浆草、金边阔叶麦冬、书带草、八角金盘、铺地柏、南天竹、大花六道木 | 苗木生长良好。引桥端八角金盘稀疏 | 黄土、沙土，土壤干，有养护，无喷灌 | 为城市道路交通环境，道路红线外建筑比高架低1～2层，有匝道和三层高架。桥下全幅式绿化 |
| 4 | 珞狮北路高架桥 | 有 | 南北 | 海桐、八角金盘、雀舌黄杨、法国冬青、夹竹桃、丝兰、鸡爪槭、紫薇、红叶李 | 地被生长良好，部分小乔木和高灌木生长不好，许多苗木需重新栽种 | 水、土、肥管理良好；光照环境较低。中间种植台高0.6m | 商业闹市区，路两边紧邻高4～20m商业建筑。有错开的匝道，中间分车带绿化。桥下双向四车道 |

续表

| 样本 | 高架桥 | 导光 | 走向 | 栽种植物 | 生长状况描述 | 立地条件简况 | 周围环境 |
|------|--------|------|------|----------|--------------|--------------|----------|
| 5 | 三环线东2段（荷叶山社区东段） | 有 | 南北 | 闲置。本课题试种实验地所在（试种苗木见第四章表4.3内容） | 苗木生长良好 | 实验地水肥管理良好 | 周边有较少树木，较开阔。一块板绿化。周边均为绿化用地 |

注：符合上述筛选要求的高架桥主要集中在武昌区，4座样本高架桥基本建设信息见表2-1对应第21、22、24、26、29座高架桥信息部分，笔者根据调研绘制。

观测样本1～4的交通流量情况，白天时段(7：00—17：00)平均每小时通过断面的机动车数辆约为：关山大道高架下两侧2100辆，光谷大道高架下两侧2860辆，卓刀泉高架下两侧4300辆，珞狮北路高架桥下两侧1315辆。珞狮北路下主要为小汽车，约占总数的75％，其次是摩托车17％，公交车4％；卓刀泉高架下两侧通行主要为小汽车和公交车，分别占68％、30％；光谷大道和关山大道则以小汽车和大货车为主，分别占总数量的86％、13％。道路交通量大，汽车尾气污染严重，其排放出来的 $CO$、$SO_2$、$NO_x$、$HC$ 以及烟尘等有害物质会对植物产生不同程度的危害，影响植物的正常生长发育。如 $SO_2$ 通过气孔进入叶片，使植物可能受到如气孔机能失调、叶肉组织细胞失水变形、细胞质壁分离等损害，导致植物的新陈代谢受到干扰，光合作用受抑制，叶脉间有褐斑、白色，甚至叶缘干枯，提前脱落。烟尘的微粒粉末堵塞气孔，覆盖叶面，影响植物的光合作用、呼吸作用和蒸腾作用。因此桥阴绿地植物生长受多种因素的制约。

### 2.5.3　样本符合性对照

1）符合桥下典型光环境分析要求。

1、2 号样本主要考虑典型的正东西走向,4、5 号样本近正南北走向,具备了两个典型的极值走向要求。桥下净空范围最低为 4 号样本的 0.6 m,最高为 5 号样本达 14 m,这个区间囊括了武汉市目前绝大部分高架桥下的净空范围,符合分析要求。在典型周边环境影响对比方面,4 号样本珞狮北路高架桥和 5 号样本的三环线东 2 段荷叶山社区东段(本文以后均简称为"荷叶山段高架桥"),东西走向为光谷大道高架桥和关山大道高架桥,周边环境都可以形成良好的比较。同时还有主动分开导光和非主动导光的对比;这 5 座高架桥不同的建设材质和建设形式刚好也有助于分析其对桥下光环境的影响。

2）符合桥阴绿地景观分析要求。

5 个样本高架桥下除了三环线东暂时无绿化外,其余有已经形成稳定绿化景观的桥下植物共 22 种,基本代表了武汉市高架桥下常用的绿化植物(见表 2-3)。

笔者已向管理部门申请在荷叶山段高架桥下开辟了一块 5 m×26 m 实验地进行了 23 种园林植物的试种实验(详见第四章表 4-2 内容),为本课题进行较深入的桥下光环境及对桥阴植物生长影响、观测提供了方便。

3）存在的问题具有代表性。

(1) 5 座样本高架桥下的桥阴绿化存在光环境"死亡区""叶烁区";

(2) 植物种类单调,种植方式单一;

(3) 绿地均无人工自动给水系统,水问题明显;

(4) 没有根据周边用地环境设置桥阴景观,景观缺乏特色;

(5) 闲置绿地未有效利用。

本研究可以对已建和将建的大量城市高架桥下空间的积极利用,桥阴绿地景观合理化、科学化营建方法和途径提供参考和借鉴。

# 2.6 研究方法

## 2.6.1 测定指标

（1）测试高架桥典型走向、不同高宽比 $B$ 值（高架桥下净空高宽比的值，为无量纲单位）、不同分离宽度对桥下自然光中的 PAR、日照时数影响。找出其桥体对桥阴光环境的影响规律，并尝试找出对高架桥下净空的临界 $B$ 值。

（2）测试常见武汉市高架桥下运用和桥下实验地试种的八角金盘等桥阴植物共 29 种的光-光通量子密度曲线，并求出每种植物的光合特性指标。

## 2.6.2 实验方法

1）武汉市高架桥建设情况及其桥阴空间利用、桥阴绿地特征调查。

主要以武汉市城区（三环线及以内范围）高架桥作为调研对象，通过实地田野调查与实测、文献查阅、专题走访等方式完成武汉市高架桥建设、桥阴空间利用及景观特征、桥阴绿化植物物种等相关调研，为选定样本高架桥、桥阴植物光合特性定点实测等研究做准备。

2）城市高架桥桥体走向、桥下空间高宽比 $B$ 值、桥体分离缝宽度对桥阴绿地自然采光影响的变化规律。

借助 Autodesk Ecotect Analysis 2011 软件（以下简称 Ecotect 软件）建立正东西向、正南北向共 4 座高架桥样本的实测模型，分析桥阴绿地的自然光环境中光合有效辐射（PAR）、日照时数两个指标的特征，找出其不同桥体走向（高架桥长轴所指方向）、不同桥下净空高宽比 $B$ 值、分离式主动导光缝宽度的不同对桥阴自然光环境两个指标的影响，尝试用数学模型公式进行计算，找出其关系特征，从而得到桥体建设对桥下自然采光的影响规律。

3）测量桥阴绿化植物叶片光合特性。

利用 LI-6400XT 光合仪（美国），选择光合作用旺盛的夏季典型全晴天，选取了武汉市桥阴植物中应用广泛的木本和草本各一种代表植物即八角金盘、金边阔叶麦冬进行了光合日动态的监测，在了解桥阴环境日变化特点的同时，还了解两种代表植物在桥下的光合日变化、光能利用效率日变化，找出其对应光合最高时段和基本光能特性。

针对武汉市桥阴下乔木、灌木、草本、藤本 4 类共 29 种绿化植物的光合特性进行光-光响应曲线测量，利用非直线双曲线方程、SPSS17.0 软件等计算出每种植物的光补偿点、光饱和点、表观量子效率、最大净光合速率等光合特性指标，然后通过聚类得到其耐阴类型。结合文献研究，提出适合武汉市高架桥下桥阴绿化的植物推荐名录。

## 2.6.3　技术路线

1）总体研究思路

通过对城市高架桥下自然光环境的计算机模拟和分析，了解高架桥不同的桥型、空间特征对桥下采光的影响，尤其是桥阴绿地光照的时空分布规律；结合对武汉市常用桥阴绿化植物和试种植物进行光-光响应曲线的实验，了解其在桥阴下正常生长的光强需求范围等级，并进行排序和分类，提出适合武汉市桥阴栽植的耐阴植物推荐名录。针对阴性植物的光需求范围，提出桥阴绿地适生区和非适生区概念，利用公式界定其范围；结合桥阴绿地环境特点提出两种区域对应的景观营建策略，力图为提升桥阴绿地景观品质提供参考和借鉴。

2）技术路线

本文研究技术路线见图 2-11。

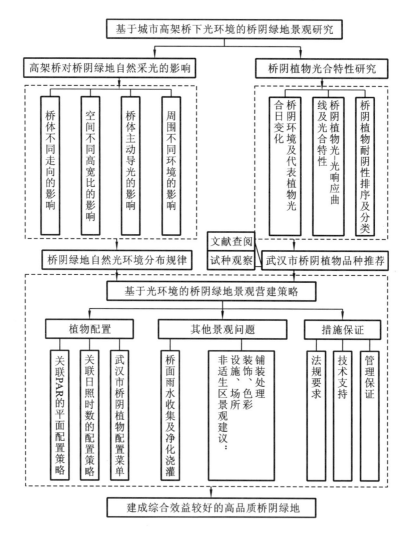

**图 2-11 研究技术路线**

## 2.7 本章小结

本章详细制定了研究方法,首先梳理了武汉市城区高架桥的建设概况,对其建设年代、基本建设特征、桥下空间利用情况、桥阴植物选择及生长特点进行了较详尽的调研和整理,在此基础上确定了研究的样本高架桥。

针对本书研究的重点和要解决的问题,提出了实验测定的指标。

高架桥自然光环境主要分析跟植物生长密切相关的几个指标:光合有效辐射 PAR、光照有效时数百分比、分析的时间段,这些主要通过实测和计算机 Ecotect 软件模拟解决(详见第 3 章相关内容)。

桥阴植物对光需求强度的测定则采用光合仪,选择植物光合活跃旺盛的夏季进行田野实验测量,重点分析其光补偿点、光饱和点两个指标,找出桥阴植物在桥阴环境中的最适光强范围。

最后提出技术路线,以桥阴下自然光环境特征分析、桥阴植物光合特性作为基础支撑,提出桥阴绿地景观布局思路。

# 第三章 桥阴绿地自然光环境
分析及特征

## 3.1 桥阴绿地自然光环境认识

### 3.1.1 桥阴绿地自然光环境构成与特征

1）直射光

直射光是指直接来自太阳且辐射方向不发生改变的光。太阳是地球最主要的能量和自然光的来源。它是一个表面温度高达 5900 ℃并不断以辐射形式向外传递能量的灼热球体,这种能量辐射以电磁波的形式投射到地球表面便形成了光。太阳辐射能按波长顺序排列常分为可见光和不可见光两部分。可见光为人眼所见,波长范围在 380~780 nm 之间,波长小于 380 nm 为紫外光,波长大于 780 nm 为红外辐射。太阳辐射到达地球大气层以前,可见光约占 44%,红外辐射约占 47%,紫外辐射约占 9%。太阳穿过大气层后,一部分被反射回太空,一部分透射,还有一部分被散射,到达地球表面大约占总辐射能的 47%,其中红外光占 50%~60%,紫外光占 1%~2%,可见光占 38%~49%。

地面接受的太阳辐射能量常用太阳辐射照度表示,单位为 W/m²,进入大气层之前,垂直于太阳辐射表面的强度为 8.16 J/(cm² · min)(1367±7 W/m²),即太阳常数(solar constant)。我国大多数地区平均日辐射量在 4 kWh/m² 以上,2/3 以上的地区年日照时数大于 2000 小时。

影响地球表面太阳辐射的主要有空间、时间两类因素。空间因素表现为太阳高度角、纬度、海拔、坡向、坡度、大气状况 6 种。太阳高度角(θ,太阳辐射线与地平面之间的夹角,在 0°~90°之间)与纬度有关,一般在北纬 30°以北地区,纬度越大,太阳高度角越小,太阳辐射亦越少;海拔越高太阳辐射渐强,成分增多。北纬 20°～50°的坡度中,太阳辐射量南坡大于北坡,且坡度越大,差距越明显。大气状况主要指大气质量、大气透明度、云量、水分子、尘埃等对太阳光的反射、折射情况,直接影响着地面接收太阳辐射的强弱。时间因素即表现在一年四季中以及一天早中晚的日照时数长短影响。夏季太阳辐射强度最大,冬季最小;一天中的中午辐射强度最大,早晚较小;太阳辐射日照射时数表现为随纬度增加夏半年昼越长夜越短。

2)漫射光

漫射是指被大气反射和散射后方向发生了改变的太阳辐射,由天空散射辐射和地物反射光组成。全阴天、多云天的自然光大多是太阳的漫射光。

3)反射光

桥阴自然光来源可能属于漫射光,也可能属于直射光的反射,主要是周围环境将太阳光的直射光或漫射光通过光滑的表面将光反射到桥下空间的光源。若桥体周围有很多的玻璃幕墙建筑或水池等物体,则会很容易通过镜面反射作用将直射光或漫射光反射到桥阴下,这是一种可利用环境为桥阴增光的手段。

## 3.1.2 桥梁本体对桥阴自然光环境的影响

### 3.1.2.1 高架桥组合类型

高架桥按组合关系可分两大类(见图 3-1):单幅式(图 3-1(a)、(b)、(c))、多幅式(图 3-1(d)、(e)、(f))。采用多幅式高架桥的优点为:①主动式导入阳光至桥阴空间,改善桥下植物生长的光环境,同时为桥下休闲提供舒适的视觉环境;②增加桥下通风,在改善植物生长风环境的同时,接续高架桥两侧的城市空间与城市景观;③导入少量自然雨水,增加桥下植物生长所需降雨,改善部分水环境,减少高架交通产生的灰尘对桥下环境的影响。

巨大连续高举的城市高架桥桥面的水平遮挡是影响桥阴空间自然采光的主要因素。桥体宽度、桥下净空高度、桥体自身材质、结构等桥梁本体因素都会对桥下采光产生相应的影响。

(1)日分析时段:均按 7:00—17:00 共 10 h 的太阳辐射时间计算。

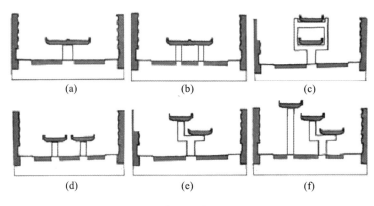

图 3-1　高架桥横断面形式

（2）1 MJ/(m² · d) 的换算：本研究结合第二章内容的分析，1 天取
7:00—17:00 共 10 小时为计算单位，则单位可换算为：

$$1 \text{ MJ/(m}^2 \cdot \text{d)} = 1 \times 10^6 \text{ J/m}^2 \div (10 \times 60 \times 60 \text{ s}) = 27.278 \text{ J/m}^2 \quad (3.1)$$

根据第一章式(1.1)和式(1.2)的换算关系得到的自然光换算关系为
$1 \text{ W/m}^2 = 4.6 \ \mu\text{mol} \cdot \text{m}^{-2} \cdot \text{s}^{-1}$，则有：

$$1 \text{ MJ/(m}^2 \cdot \text{d)} = 127.79 \ \mu\text{mol} \cdot \text{m}^{-2} \cdot \text{s}^{-1} \quad (3.2)$$

（3）生长期：是指植物有效生长的时间段，本文定为 4 月 1 日至 10 月 31
日共 7 个月时间。

### 3.1.2.2　桥体建设对桥阴光环境影响表现

（1）桥体的布局走向。桥体走向不同，对桥下阳光导入有较大的差别。
南北走向桥下太阳光进入的面积和平均辐射较东西走向桥下更多、更均匀。

（2）桥下净空高宽比 $B$ 值。$B$ 值越高，进入桥阴的阳光更多。

（3）桥体是否有主动导入阳光的结构。桥体设计中兼顾这一方面将有
利于阳光进入桥下空间。此外还有桥下墩柱形式、桥体颜色、材料遮挡等都
会对桥下自然光采光有不同程度的影响，本章即主要探讨其相互影响规律，
为桥阴空间基于光环境的利用途径提供参考依据。

# 3.2 桥阴自然光环境模拟

## 3.2.1 样本模拟的必要性

计算机模拟能有效提高田野实验效率,可以在有限时间内得到全面、整体、长期的观察效果。植物有效生长期主要集中在 4 月 1 日—10 月 31 日时段,故而模型主要围绕该时段进行分析。对植物生长最主要的影响因素是光合有效辐射 PAR 与光照时数,这两个指标将作为本章模拟分析比较的主要因素,自然光采光率是反映全阴天中桥下自然光的采光指标,但与植物生长关系不紧密,故本章不做其指标的研究。

Ecotect 软件最初是由英国的 Square One 公司开发的生态建筑设计软件,2008 年被 Autodesk 公司收购。Ecotect 分析范围很广,从太阳辐射、日照、遮阳、采光、照明到热工、室内声场等都可以进行模拟,涵盖了热环境、风环境、光环境、声环境、日照、经济性及环境影响、可视度等建筑物理环境的 7 个方面,分析结果能图示化显示,设计界面友好,分析方便、快捷,尤其是光环境分析功能比较全面,可信度高。

## 3.2.2 样本模拟的方式

1)样本空间信息采集

针对第二章中筛选的样本高架桥,选择东西走向的光谷大道高架桥、关山大道高架桥、南北走向的珞狮北路高架桥和荷叶山段高架桥作为桥阴光环境特征的研究对象(见图 3-2)。借助测距仪(博世(BOSCH)glm 250 米激光测距仪)、皮尺等实测获得样本高架桥空间尺寸数据,样本建设信息见第二章表 2.1 和表 2.3。

2)建立模型

利用 Ecotect 软件分别建立 4 座样本高架桥的空间立体模型(见图 3-3)。

**图 3-2 四座样本高架桥照片(上下对比图分别摄于 2011 年, 2015 年)**
(a)光谷大道高架; (b)关山大道高架; (c)珞狮北路高架; (d)荷叶山段高架

  导入 Weather Tool 插件中的"CHN-wuhan city"30 年平均气候数据,建立相应的分析网格,利用 Analysis Gird(分析网格)面板中的 CALCULATIONS(计算)栏中"Insolation Levels(入射辐射分析)"的 "Perform Calculation"功能,选择"Sky Factor & Photosynthetically Active Radiation"(天空因素和植物光合有效辐射)、"Shading, Overshadowing and Sunlight Hours"(阴影和太阳照射时数)。将每天光照的分析时段设为 "7:00—17:00",植物生长的有效期段设为"From 1st April to 30th October", 分析网格按 2 m×2 m 设置,分析上述 4 个样本模型的桥下离地面 10 cm 高

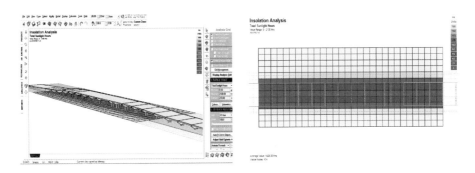

图 3-3　Ecotect 中建立高架桥模型

的水平面上的光环境分布。计算机模拟分析准确有效、快捷全面,可以得到本书重点关注的与植物种植最相关的光合有效辐射、光照时数在桥阴绿地中的时空分布特征。

3)节点考察

(1)不同走向的影响。

选择正东西走向的关山大道高架和南北走向的荷叶山段高架桥进行分析。选择对比理由:①两者均有中间 1 m 宽分开主动导光缝;②周边环境为开敞较少遮挡的绿地环境;③有相同的常见高度净空,如 4～6 m 净空,且宽度同为 26 m;④两桥相对走向垂直,代表两个极值方向。

分析方法:选择上述两座样本桥同样 5 m 净空的跨间进行同时段的桥下分析,包括植物有效生长期间平均光合有效辐射 PAR 及光照时数共 2 个指标的对比分析。时间上主要选择四季的节点日(春分、夏至、秋分、冬至)进行特殊临界日的对比,并将植物有效生长期(4 月 1 日—10 月 31 日)整个时段的平均值进行比较。

(2)桥下净空不同高宽比 B 值的影响。

选择一座周围没有或很少环境遮光的样本高架桥,进行其下不同净空高度同一纵断面上光照强度的比较。本章选择南北向的荷叶山段高架桥,因为其净空从 4 m 变化到 12 m,东西走向的光谷大道高架桥,其净空范围为 1.5～6.6 m,通过不同水平高度的光强比较,分析高宽比与其对应的关系。时间观测点同上述“不同走向影响”分析的时间。同样分析不同 B 值影响下的桥阴平均 PAR、光照时数。结合现场调研中植物生长的劣势区观察,尝试探讨桥下阴生植物生长受限的高宽比临界值。

（3）主动导光影响。

选择不同走向的高架桥，将其导光缝由 1 m 逐渐增至 5 m，对比桥下光环境变化。

4）模型校验

利用照度计跟踪实测，校正模型分析的光照强度数据，尝试建立数学模型，研究桥体结构对桥阴空间光环境的时空影响变化基本规律。

分析桥下不同位置光环境的变化特征，利用照度计进行实测收集第一手数据，对建立模型分析的数据进行校对。选择特定节气左右的典型全阴天，利用自动读取存取的泰仕 TES-1339R 型照度计（中国台湾）实测样本高架桥下不同净空下桥阴近地面 10 cm 处水平面的自然光环境实际值校对模型。对于桥下有机动车交通的场所，主要将照度计放置在绿地中进行连续数据的采集。一般以一个横断面作为一个单元，如图 3-4 所示为珞狮北路高架桥下的光强实测，进行连续同时读数，同时在全光照环境下设置对照点采集无遮拦处的光强数据，与 Ecotect 软件分析数据进行对照。

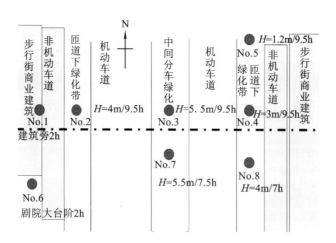

**图 3-4 珞狮北路高架桥下照度实测位置**

小●图标为照度计位置

# 3.3 桥阴自然光环境的计算机模拟解读

## 3.3.1 桥体走向对桥阴自然光环境的影响

### 3.3.1.1 光合有效辐射 PAR 的变化

针对东西走向关山大道高架、南北走向的荷叶山段高架两座样本高架桥同 26 m 宽、5 m 高的跨间进行分析,时间选择具有太阳高度角最高和最低的特殊时间点夏至日(6 月 21 日)、冬至日(12 月 21 日)以及植物整个有效生长期间 7:00—17:00 平均的 PAR 共 3 个对比项进行研究(见附图 1"不同走向高架桥同净空下不同时间 PAR 比较"及表 3-1)。选择 PAR 指标是因为桥阴中很多阴性植物对低光强有较好的适应性,在满足其所需光强的前提下,可以不需要直射光同样能够正常生长,所以了解 PAR 在桥阴的分布情况,对桥阴低光区植物配置具有指导意义。

表 3-1　桥体不同走向下的桥阴 PAR　　　　单位:MJ/(m²·d)

| 对 比 指 标 | 夏至日 | | 冬至日 | | 有效生长期间日平均 | |
| --- | --- | --- | --- | --- | --- | --- |
| | 东西走向 | 南北走向 | 东西走向 | 南北走向 | 东西走向 | 南北走向 |
| 全日照 PAR | 9.27 | | 3.15 | | 6.16 | |
| 桥阴平均 PAR | 1.72 | 2.31 | 1.05 | 0.97 | 1.49 | 1.64 |
| 桥阴最大 PAR | 5.57 | 4.98 | 2.05 | 1.91 | 4.36 | 3.33 |
| 桥阴最小 PAR | 0.7 | 0.68 | 0.6 | 0.56 | 0.7 | 0.78 |
| 低 PAR(<1) 面积比(%) | 52.3 | 12.3 | 61.5 | 73.1 | 57.7 | 32.3 |
| 高 PAR(≥3) 面积比(%) | 10.8 | 22.3 | 0 | 0 | 5.4 | 12.3 |

分析:由书后附图 1 中(1)夏至日 PAR 比较图可知,南北走向桥下 PAR

在平均值、低 PAR 面积比、高 PAR 面积比 3 个指标上有优势。最高值东西走向的桥体位于南面,比南北走向桥体东面的最高值高出 12.5%,最小 PAR 差值不明显。低 PAR(<1 MJ/(m²·d))的面积百分比,南北向桥体仅为东西向桥下的 57.2%;高 PAR(≥3 MJ/(m²·d))面积比南北向则为东西向的 2.06 倍。这是由于东西走向的高架桥北面无太阳直接辐射,而南面可以照射到全日照阳光,故南边 PAR 值要比南北走向少受半天的日照,故桥阴两边最高值大。南北向平均 PAR 仅为无任何遮阳影响的全日照下 PAR 的 25%。

南北走向桥体的桥下 PAR 基本呈东西两边对称分布,东边最大值为 4.98 MJ/(m²·d),西边最大值为 4.79 MJ/(m²·d),高 PAR≥3 MJ/(m²·d)(即 383.37 $\mu$mol·m⁻²·s⁻¹,约 20720 lx)的分布范围东、西边各约 3.5 m 宽,约占总面积的 22.3%,表现出较宽的高 PAR 范围。东西走向桥下高 PAR 的分布宽度共约 3.6 m,仅为南北走向的一半,其走向下不利于较多阳性耐阴植物的生长,但南边较强的光照又对阴性植物生长不利。夏至日两个走向的桥阴中间都呈现出一条高于周围 PAR 的"波峰"带,东西走向的桥阴有 1~1.5 m 宽,且 PAR 值达 1.6~2.9 MJ/(m²·d),南北走向桥阴下为 2 m 宽,且 PAR 值为 1.6~1.9 MJ/(m²·d),这是由于分离式高架中间存在 1 m 宽主动导光缝的缘故,但南北向桥体因为走向缘故,同样宽导光缝对桥下 PAR 贡献不如东西走向桥阴明显。

读取附图 1 中(2)冬至日 PAR 比较图,其情况与夏至日部分指标有相反的关系:南北向平均 PAR 值比东西向低;两者低 PAR 的面积比,南北走向比东西走向高 11.6 个百分点,高 PAR 都为 0。由于冬至日太阳高度角最低,辐射强度弱,东西走向桥体的桥阴南面接受全日照,太阳入射范围更大,故低 PAR 区域范围面积比反而较少。两者桥下中间导光缝的影响均不明显。冬季桥下 PAR 值总体都很低,最高的东西走向桥下平均 PAR 值为全日照 PAR 的 33%,此时桥阴植物已进入冬季休眠状态,对光需求不大,但需要预防低温冻害。东西走向受光少的北面,温度更低,发生这种危害的可能性更大。

读取附图 1 中(3)植物生长期间(4 月 1 日—10 月 31 日)桥下 5 m 净空

的平均 PAR 图,南北走向的桥阴光环境在平均 PAR、低 PAR 面积比、高
PAR 面积比 3 个指标优势较明显,但最高值不及东西走向桥体的南面最高
值。两者桥阴的等 PAR 线较均匀且平行桥边呈对称的带状分布,两者中间
都存在一条宽近 2 m 的较弱"波峰"PAR 带,但其值最高仅为 1.8 MJ/(m² · d),
南北走向桥体下的更低,为 1.1～1.4 MJ/(m² · d),没有夏至日的"波峰"表
现明显。东西走向桥体两边的 PAR 分布强弱不均,北面由于少太阳直射辐
射,其最大值仅为南边的一半,为 2.4 MJ/(m² · d);南面高 PAR 区域主要
分布在桥南边往里宽 1.5 m 以内的范围。平均 PAR 相对较高的南北走向
桥阴下,其值只有全日照下的 26.6%,可见桥体遮盖对桥阴绿地植物的光合
有效辐射影响明显。

　　综上所述,同样为 26 m 宽、净空 5 m 的南北走向桥下有利于植物生长
的自然光环境范围明显大于东西走向的桥体。大于 3.0 MJ/(m² · d)(即
383.37 $\mu$mol · m$^{-2}$ · s$^{-1}$,约 20720 lx)的光合有效辐射位置可允许栽种部分
中性植物,南北走向桥下的中性植物种植范围从桥体两边延伸到靠桥内 2～
3 m,而东西向高架只有南面约 1 m 范围。

### 3.3.1.2　生长期日照时数的变化

　　日照时数是表明场地接受太阳光直接照射的时间,是衡量当地采光条
件的一个重要指标,更是植物正常生长的一个重要光环境指标。本指标的
考察主要针对夏至日、冬至日、植物生长期间的平均日照时数的比较,看桥
体的走向对桥下平均日照时数的影响。分析过程详见附图 2 "不同走向高
架桥同净空下不同时间日照时数比较"及表 3-2。

表 3-2　不同走向日照时数对比解读

| 对 比 指 标 | 夏至日 | | 冬至日 | | 年均有效生长期 | |
|---|---|---|---|---|---|---|
| 高架桥走向 | 东西向 | 南北向 | 东西向 | 南北向 | 东西向 | 南北向 |
| 全日照时数(7:00—17:00)(h) | 10 | | 10 | | 1986 | |
| 桥阴平均日照时数(h) | 1.11 | 2.27 | 3.54 | 3.02 | 263.28 | 466.85 |
| 桥阴最大日照时数(h) | 6 | 5 | 9 | 5 | 1634 | 985 |
| 桥阴最小日照时数(h) | 0 | 0 | 0 | 0 | 0 | 77 |

续表

| 对比指标 | 夏至日 | | 冬至日 | | 年均有效生长期 | |
|---|---|---|---|---|---|---|
| 高架桥走向 | 东西向 | 南北向 | 东西向 | 南北向 | 东西向 | 南北向 |
| 低日照时数（<20%全日照）面积比（%） | 86.2 | 53.8 | 49.2 | 17.4 | 84.6 | 57.7 |
| 高日照时数（≥50%全日照）面积比（%） | 2.6 | 0 | 33.1 | 0 | 4.6 | 0 |

从附图 2 和表 3-2 可知,南北走向的高架桥下平均日照时数、照射均匀度皆优于东西走向桥阴,但根据时间段不同情况有些许差异。

夏至日、植物有效生长期间的平均日照时数南北走向的桥阴下为东西走向桥阴的 2 倍多;冬至日南北走向桥阴下的平均日照时数则低于东西走向的桥下。高日照时数面积比,南北走向桥下都为 0,此指标不及东西走向桥体。

南北走向桥阴日照时数分布较均匀,并从桥阴中间的一条较明显的"波谷"低日照时数带分别向东西两边逐渐增高并对称分布,正东西走向的高架桥下南边的日照优势非常明显,北面日照时数少,甚至为零,两边分布极不均衡。由于中间分离缝的存在,东西走向桥阴下有一条宽 1.5～2 m 的较高日照时数"波峰"带。

### 3.3.1.3　桥阴平均自然光环境良好与不利的桥体走向

根据 Weather tool 软件的分析,如图 3-5 所示,武汉市的最佳光照指向是东经 165°(黄色箭头方向),即建筑最佳采光面朝向为东西向偏东 15°;最不利的朝向为东经 85°(红色箭头方向),即建筑受光面为南北朝向偏西 15°。同等情况下,建筑正南面偏西 5°至正南面偏东 15°的范围内走向均有利于接受良好的光照(图中柠檬黄颜色区域)。

根据上两节 3.3.1.1"光合有效辐射 PAR 的变化"和"生长期日照时数的变化"内容的分析,南北走向的高架桥下整体平均光环境明显优于东西走向的高架桥,因此,武汉市桥阴平均自然光环境良好的高架桥走向为:南北走向偏东 15°,即与图 3-5 黄色箭头重合的方向;桥阴平均自然光环境不利的桥体走向为东西向偏北15°，即与红色箭头重合的方向。较好走向的桥体与太阳最佳入射方向重合可以使桥阴下获得平均值最高的桥阴光环境。但较差走向桥体的南边界面将获得最高的光环境值。

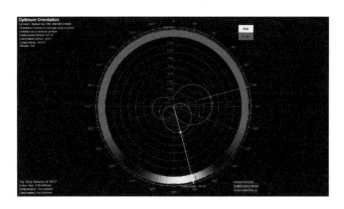

**图 3-5　武汉市桥阴获得高平均光环境的较好桥体走向**

即图中柠檬黄区域

## 3.3.2　净空高宽比 $B$ 值对桥阴自然光环境的影响

选择常见宽度分别为 26 m 和 18 m 的两个样本高架桥，进行同走向、同环境、不同 $B$ 值的桥阴空间 PAR、光照时数 2 个指标分析。为了研究方便，选择南北走向最大 $B$ 值达 0.42（净空达 11 m）的荷叶山段高架桥作为研究样本，利用不同高度的分析网格，按 $B$ 值等差数列进行比较，将坐标按方向进行对应位置的旋转，依据同条件下桥阴平均自然光环境值的高低，将桥体走向分为较好走向（南北走向偏东 15°）和较差走向（东西走向偏北 15°）两个典型的桥体走向位置，研究同时段桥阴自然光环境随净空高宽比 $B$ 值变化的规律。

### 3.3.2.1　光合有效辐射 PAR 的变化

模型解读见附图 3，分析数据见表 3-3。分析时间均以植物有效生长期（4 月 1 日至 10 月 31 日）中 7：00—17：00 为标准。低 PAR 面积比是指 PAR $<1$ MJ/(m² · d)的面积占整个观测面积的百分比；高 PAR 面积比即指 PAR $\geqslant 3$ MJ/(m² · d)的面积占整个观测面积的百分比。

表 3-3　不同走向桥体 $B$ 值变化对 PAR 影响的比较分析

| $B$ 值 | | 0.038 | 0.115 | 0.192 | 0.269 | 0.346 | 0.423 |
|---|---|---|---|---|---|---|---|
| 对应 26 m 宽桥下净空高度(m) | | 1 | 3 | 5 | 7 | 9 | 11 |
| 平均 PAR(MJ/(m²・d)) | 较好走向 | 0.92 | 1.14 | 1.42 | 1.65 | 1.93 | 2.16 |
| | 较差走向 | 0.98 | 1.21 | 1.39 | 1.58 | 1.76 | 1.94 |
| 低 PAR 面积比(%) | 较好走向 | 84.6 | 76.9 | 46.9 | 3.6 | 0 | 0 |
| | 较差走向 | 86.9 | 73.8 | 58.5 | 27.7 | 1.5 | 0 |
| 高 PAR 面积比(%) | 较好走向 | 0 | 0 | 2.3 | 3.1 | 4.6 | 5 |
| | 较差走向 | 0 | 3.1 | 3.8 | 4.6 | 6.2 | 10 |

从表 3-3 可知,当 $B$ 值增加到 0.269 时,较好走向的低 PAR 面积比减少非常明显,$B$ 值到 0.346 时,较差走向的低 PAR 面积比出现转折点,与平均自然光环境较好走向的桥体相比有"延迟"现象,说明不同走向对桥阴 PAR 有明显的影响。

根据表 3-3 相关数据,可以进行 $B$ 值与 PAR 值数据的回归关系分析(见图 3-6),则:

较好走向、较差走向的低 PAR(PAR<1 MJ/(m²・d))面积比与 $B$ 值数据回归结果为:

$$y_{A1} = 94.947 - 258.63x \tag{3.3}$$

$$y_{B1} = 99.748 - 253.14x \tag{3.4}$$

上述公式中,$y_{A1}$、$y_{B1}$ 分别为较好走向低 PAR(PAR<1 MJ/(m²・d))面积百分比值、较差走向的低 PAR 面积比,$x$ 为桥下净空高宽比 $B$ 值,回归公式(3.3)的相似值 $R^2 = 0.8906$,回归公式(3.4)的 $R^2 = 0.9627$。

同样可得,较好走向、较差走向高 PAR(PAR≥3 MJ/(m²・d))面积比与 $B$ 值的数据回归方程:

$$y_{A2} = 14.694x - 0.8869 \tag{3.5}$$

$$y_{B2} = 22.301x - 0.5236 \tag{3.6}$$

式中,$y_{A2}$、$y_{B2}$ 分别为较好走向高 PAR(PAR≥3 MJ/(m²・d))面积占总面积的百分比值、较差走向的高 PAR 面积比,$x$ 为桥下净空高宽比 $B$ 值,回归公式(3.5)的相似值 $R^2 = 0.9509$,回归公式(3.6)的相似值 $R^2 = 0.9253$。

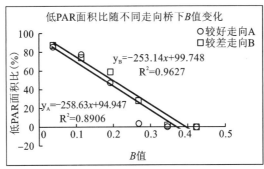

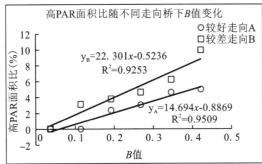

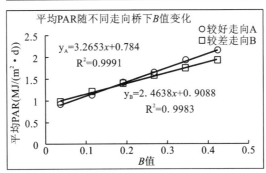

**图 3-6　较好走向与较差走向的桥下 PAR 随 B 值的变化关系**

### 3.3.2.2　生长期日照时数的变化

日照时数变化与太阳高度角密切相关。考察桥阴下日照时数变化,关系到高架桥自身的走向、桥下高宽比 $B$ 值对应变化。利用 Ecotect 软件中"Insolation Levels"下面的"Shading,Overshadowing and Sunlight Hours"

71

功能进行典型走向(较好走向、较差走向)、典型时段(植物有效生长期)的日照时数分析,再进行数据回归分析,找出 $B$ 值与日照时数之间的相互关系。分析方法结合 3.3.1.2 日照时数分析以及 3.3.2.2 的 PAR 分析。通过读取计算机分析结果(附图 4),可以得到表 3-4 相关数据。

表 3-4  不同走向桥体 $B$ 值变化对日照时数影响的比较分析

| $B$ 值 | | 0.038 | 0.115 | 0.192 | 0.269 | 0.346 | 0.423 |
|---|---|---|---|---|---|---|---|
| 对应 26m 宽桥下净空高度(m) | | 1 | 3 | 5 | 7 | 9 | 11 |
| 生长期平均日照时数(h)(7:00—17:00) | 较好走向 | 126.69 | 234.63 | 365.9 | 479.15 | 618.11 | 733.2 |
| | 较差走向 | 134.65 | 188.51 | 244.76 | 300.62 | 349.54 | 407.21 |
| 低日照时数(日照时数<20%全日照时数)面积比(%) | 较好走向 | 93.6 | 84.6 | 67.7 | 55.9 | 7.2 | 2.1 |
| | 较差走向 | 95.8 | 92.3 | 85.4 | 81.5 | 79.2 | 73.1 |
| 高日照时数(日照时数≥50%全日照时数)面积比(%) | 较好走向 | 0 | 0 | 0 | 0 | 0 | 4.2 |
| | 较差走向 | 1.5 | 1.9 | 4.6 | 5 | 7.7 | 9.6 |

从上表 3-4 发现:$B$ 值相等时,较好走向的高架桥比较差走向的桥阴光环境有更多的日照时数和更广泛、均匀的日照分布范围。在标准跨间中轴线横断面上每隔 4 m 取一个值,分别计算南北向和东西向的标准偏差 $S$,则可得 $S_{南北}=\pm119.57$ h,$S_{东西}=\pm278.47$ h,标准偏差值越大表示数据偏离平均值的差距越大,数值分布越不均匀。东西走向桥下明显存在着不均衡分布的状态,光照集中在南边至桥中约 4 m 宽的狭窄范围,不利于桥阴绿地景观的整体营建。

随着 $B$ 值的增加,桥下日照时数也呈一定规律的增加,其中,较好走向桥阴下生长期平均日照时数增加快速,桥阴低日照时数的面积比随 $B$ 值的增加而迅速减少,但其高日照时数面积比则几乎不变化,即较好走向桥下不利于高日照时数要求的植物生长,但其桥下整体日照环境优势明显,适合中性、阴性植物良好的生长。

与较好走向的桥相比,较差走向的桥下平均日照时数随 $B$ 值的增加速度较慢,低日照时数面积比减少速度也较缓,但其高日照时数面积比却较快地增加。通过读图,高日照时数主要分布在桥体的南面,说明随着 $B$ 值的增加,较差走向的桥体南面可以栽种更多的中性和阳性植物。阴性和部分中性耐阴植物则不宜栽种在这个强日照区域,以免遭受强光灼晒,影响其正常生长。

对不同走向桥下 $B$ 值影响平均日照时数和高低日照时数的面积比,可以用回归方程给出其相互影响的关系(见图 3-7):

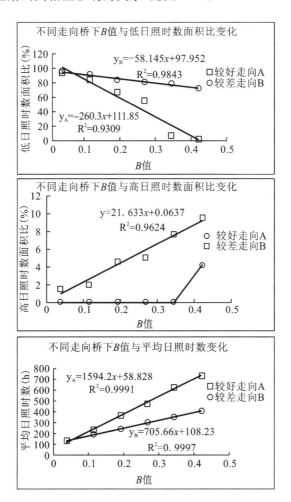

图 3-7　不同走向高架桥下净空 $B$ 值与日照时数的变化关系

（1）随着 $B$ 值的增加，桥下低日照时数区域面积比呈负增长关系。较好走向下降速度非常明显，到 $B$ 值为 0.423 时，其低日照时数区面积比几乎接近于零，较差走向的高架下则随着 $B$ 值增加，其低于 20％日照时数的区域很难下降至低比例范围。两者均可以通过回归方程表达：

$$y_{A1} = 111.85 - 260.3x \tag{3.7}$$

$$y_{B1} = 97.952 - 58.145x \tag{3.8}$$

式中，$y_{A1}$ 表示较好走向桥阴下低光照时数（日照时数＜20％全日照时数）面积百分比，$y_{B1}$ 表示较差走向桥阴下低光照时数的面积百分比，$x$ 表示桥阴空间的高宽比 $B$ 值，回归方程（3.7）的 $R^2 = 0.9309$，方程（3.8）的 $R^2 = 0.9843$。

（2）由于桥体走向的原因，较好走向桥下很难实现高的日照时数（即日照时数≥50％全日照时数）面积比；较差走向因为南面可以接受较长时间的日照，故拥有较高日照时数的面积比值，其关系也可以用回归方程表达：

$$y_{B2} = 21.633x + 0.0637 \tag{3.9}$$

其中，$y_{B2}$ 表示较差走向桥阴下高日照时数的面积百分比，$x$ 表示桥阴空间的高宽比 $B$ 值，回归方程（3.9）的 $R^2 = 0.9624$。

（3）随着 $B$ 值的增加，两个走向平均日照时数呈不同比例的正相关线性增长趋势，较好走向的平均日照时数增长速率是较差走向增长速率的 2.26 倍，对平均日照时数面积比与 $B$ 值关系进行回归，得：

$$y_{A3} = 1594.2x + 58.828 \tag{3.10}$$

$$y_{B3} = 705.66x + 108.23 \tag{3.11}$$

式中，$y_{A3}$ 表示较好走向桥阴下植物生长期中的平均日照时数，$y_{B3}$ 表示较差走向桥阴下植物生长期中的平均日照时数，$x$ 表示桥阴空间的高宽比 $B$ 值。回归方程（3.10）的 $R^2 = 0.9991$，方程（3.11）的 $R^2 = 0.9997$，显示出两个方向的平均日照时数与 $B$ 值有极高的线性相关性。

### 3.3.2.3 可忽略桥体遮阴影响的临界 $B$ 值

1）减少低 PAR（PAR＜1 MJ/（$m^2$·d））面积比的临界 $B$ 值。

根据公式（3.3）、公式（3.4）初步可以计算出，若将植物生长期间桥阴中的低 PAR 区域降至最低，即当较好走向 $y_{A1}$、较差走向 $y_{B1}$ 为 0 时，对应的临界 $B_1$、$B_2$ 值分别为：0.367、0.394。

即若 26 m 宽的高架桥,较好走向的桥下净空高度为 9.54 m 即可满足桥下几乎无低 PAR(PAR<1 MJ/(m² · d))区域,而较差走向桥体则要达 10.24 m 才可以实现这个目标。其他走向的桥体则介于这两个值之间。对于 18 m 宽的桥体,其桥下净空分别为 6.6 m、7.1 m。

2) 实现较高 PAR(PAR≥3 MJ/(m² · d))的面积比的临界 $B$ 值。

根据公式(3.5)、公式(3.6),可以分别计算两个极端走向高架桥体下要实现植物生长期中任意较高 PAR 区域面积比对应的桥下 $B$ 值。

如希望全幅式桥阴绿地中有 20% 面积在生长期中为高 PAR 区域,则可求出较好走向 $B_1=1.42$,即对应 26 m 宽高架桥净空高度为 36.92 m;较差走向 $B_2=0.92$,即对应 26 m 宽高架桥净空高度为 23.92 m。可见,需要达到同样比例的高 PAR 面积比,近东西走向的高架桥下更容易实现,它的净空比近南北走向的桥下少 13 m。这与实际情况相同,因为较差走向主要是南面可以接受更高、更长时间的光辐射,净空增高对其高 PAR 区域面积比增加有利。

3) 减少生长期桥阴低日照时数(光照时数<20% 全日照时数)面积比的临界 $B$ 值。

通过公式(3.7)、公式(3.8)可以初步计算出减少生长期中桥阴绿地低日照时数的面积比的 $B$ 临界值。当较好走向 $y_{A1}$、较差走向 $y_{B1}$ 为 0 时,对应的临界 $B_1$、$B_2$ 值分别为:0.43、1.68。

即希望较差走向下低光照时数区接近为 0 时,26 m 宽的高架桥需要建设 43.68 m 净空方可以满足,而较好走向桥下则只需要达到 11.18 m 的净空就可以实现。可见同等净空下,有利采光的桥体走向对桥下低日照区的改善效果非常明显。

4) 桥阴高日照时数(光照时数≥50% 全日照时数)面积比的临界 $B$ 值。

近南北走向的桥阴下无法实现较大面积的高日照时数区域。近东西走向的不利桥阴下高日照时数的面积百分比可以通过公式(3.9)初步估算。若要实现生长期中桥阴平均日照时数大于 50% 的高时数面积比达到 20% 及以上,则可知临界 $B_2$ 为 0.92,即 26 m 宽高架桥下净空达到 23.92 m 及以上,这在城市中通常较难实现;对于 18 m 宽高架桥的净空高度为 16.56 m,

较容易满足。

### 3.3.3 分离式高架桥对桥阴自然光环境的影响

#### 3.3.3.1 分离间距与桥体走向对桥阴自然光环境的影响

从小节 3.3.1 和 3.3.2 的研究内容中,可以发现样本高架桥中间有 1 m 宽导光缝的桥阴绿地中,桥体分离缝能有效改善该位置附近的桥阴自然光环境,且形成一条高于旁边区域的"波峰"光强带。本节尝试对分离缝宽度对桥下光环境改善状况进行计算机模拟分析,了解其影响关系。

考察方法:在荷叶山段高架桥模型的基础上,将原导光缝从 1 m 分别等差增加至 2 m、3 m、4 m、5 m 宽,针对同净空高度(6 m)的桥阴采光,对比较好走向、较差走向下 $B$ 值变化的光环境指标 PAR、日照时数的变化情况。

1) PAR 的变化

较好走向桥体和较差走向桥体下的不同分离间距对植物有效生长期中平均 PAR 的变化情况见附图 5、表 3-5,其中低 PAR 区域指 PAR<1 MJ/(m² · d)区域范围,高 PAR 区域指 PAR≥3 MJ/(m² · d)的区域范围。

表 3-5 不同桥体走向和分离宽度对 PAR 影响

| 不同分离宽度(m) | | 1 | 2 | 3 | 4 | 5 |
|---|---|---|---|---|---|---|
| 平均 PAR | 较好走向 | 1.52 | 1.79 | 1.96 | 2.1 | 2.22 |
| (MJ/(m² · d)) | 较差走向 | 1.47 | 1.63 | 1.81 | 1.92 | 2.06 |
| 低 PAR 面积比(%) | 较好走向 | 27.7 | 1.5 | 0 | 0 | 0 |
| | 较差走向 | 61.5 | 4.1 | 2 | 0 | 0 |
| 高 PAR 面积比(%) | 较好走向 | 2 | 2.3 | 3.1 | 6.9 | 5.4 |
| | 较差走向 | 3.8 | 3.8 | 3.8 | 4.6 | 13.1 |
| 分离缝下较高 PAR | 较好走向 | 1.03～1.04 | 1.35～1.45 | 1.69～1.78 | 2.1～2.16 | 2.1～2.57 |
| (MJ/(m² · d)) | 较差走向 | 1.01～1.04 | 1.8～1.98 | 2.3～2.6 | 2.5～3.11 | 3～3.5 |

从上述分析可知：①桥体中间的分离缝随着宽度的增加，两个典型走向桥阴下的PAR都有了明显的改善。当缝宽增加至2 m时，净空高宽比为0.231的桥阴下低PAR面积比降至低值，较好走向的桥体在3 m缝宽时，桥阴低PAR面积比为0。两个走向桥体在4 m宽缝时可以全部消灭桥阴低PAR范围。②两个典型方向的平均PAR值都随分离缝的增加呈低比例系数的线性正增加，经过线性回归分析，较好走向增率为0.171，略高于较差走向增长系数0.147。③随着缝宽增加，该对应位置的桥阴光环境改善效果越明显。缝宽增至2 m时，较差走向的缝下桥阴PAR已经超过了平均值，越宽其中间受桥体影响越来越小，到5 m缝宽时，桥中缝下PAR已超过了3 MJ/(m² · d)的高值，此时桥体的遮盖对桥下自然光环境影响较小。

2）日照时数的变化

同样通过对净空高6 m，宽26 m（B值为0.231）的桥下空间进行植物生长期间平均日照时数的分析，可以得到附图6和表3-6中的相关结果：

表3-6　不同桥体走向和分离宽度对日照时数影响的比较分析

| 不同分离宽度（m） | | 1 | 2 | 3 | 4 | 5 |
|---|---|---|---|---|---|---|
| 平均日照时数（h） | 较好走向 | 419.37 | 493.99 | 556.78 | 605.74 | 639.47 |
| | 较差走向 | 259.28 | 329.61 | 397.44 | 435.34 | 489.5 |
| 低日照时数（日照时数<20%全日照时数）面积比（%） | 较好走向 | 60 | 49.2 | 44.6 | 5.1 | 0 |
| | 较差走向 | 82.3 | 80 | 66.9 | 69.2 | 57.7 |
| 高日照时数（日照时数≥50%全日照时数）面积比（%） | 较好走向 | 0 | 2.3 | 1.5 | 4.6 | 3.8 |
| | 较差走向 | 3.8 | 3.8 | 4.6 | 4.6 | 12.3 |
| 分离缝下较高日照时数值（h） | 较好走向 | 192～197 | 276～286 | 383～416 | 513～549 | 555～587 |
| | 较差走向 | 72～101 | 424～500 | 612～726 | 848～946 | 1028～1111 |

通过对附图 6 和表 3-6 的综合分析可知：分离间距与桥下平均日照时数增加成正比，且两个走向的增幅速率相近，平均日照时数的增幅约为分离跨度距离增加的 55～56 倍关系。较好走向整体值高出较差走向。

当桥体分离距离达 4 m 宽时，较好走向桥阴下的低日照时数面积比大幅减小，较差走向桥阴的低日照时数面积比缓慢减小。高日照时数面积比在近南北向的桥体下增幅不明显，在近东西走向的桥体下当分离宽度达 5 m 时则对中间高日照时数面积增加发挥了作用。

### 3.3.3.2 可忽略分离间距影响的条件

通过上述分析，可知桥体分离间距的增加对桥阴光环境改善效果明显，以常见的武汉高架桥下 6 m 高净空，单边桥体宽 13 m 的高架桥为例，分析了随着中间分离间距由 1 m 逐级增加至 5 m，桥中间部分光环境的变化，其平均 PAR、光照时数均呈线性正相关。当桥体分离至 2 m 宽时，桥下低 PAR 面积比基本可以忽略；桥体增宽至 4 m 时，桥下低光照时数的区域面积比降低至接近 0。

另外随着 B 值的改变，桥体分离间距对桥下自然光环境的改变也不同，B 值越大，分离缝越宽，桥下光环境越好。具体的影响关系待以后进一步研究。

## 3.3.4 周围环境对桥阴自然光环境的影响

周围环境对桥下光照的影响可以分为增光和遮光两大类。

增光主要体现为周围两边高大建筑的反光，尤其是较高建筑的玻璃幕墙随着阳光照射将大量直射光反射到桥下绿地，增加光照。桥体周围开阔无遮拦，甚至旁边有大的池塘、湖泊等水体存在，水面的反光也可以给桥下增加光照。

遮光主要表现为桥下两边高大建筑、高大林木对桥阴绿地常年遮光影响，以及车流、人流、临时设施对桥阴绿地的临时遮阳两种。环境遮挡光照使桥下采光更加不足,植物光照时数减少,桥阴光环境质量更加恶化。这需要引起桥阴绿地建设者注意,在周边会形成新的桥下采光固定遮阳地段,慎重选用和栽种相应的桥阴植物。

以珞狮北路高架桥为例,全阴天两边有建筑物遮挡和无建筑物遮挡的同 18 m 宽桥阴下光照时数的变化情况(见图 3-8),可得知,周围无遮挡段的 18 m 宽桥下 7 m 净空标准跨间,离地面 0.1 m 高水平面上植物生长期间平均日照时数,有建筑遮挡处为 586.9 h,平均 PAR 为 1.91 MJ/(m² · d)。无建筑遮挡的 18 m 宽跨间平均日照时数为 784.45 h,比有遮挡处平均日照时数高出了 34%;平均 PAR 为 2.28 MJ/(m² · d),比有建筑遮阴段的高出了 19%,可见周围环境明显地影响着桥阴的光环境,尤其是对设置在桥阴正中间的种植台,其影响更明显。

城市高架桥穿越建筑密集街区将不利于桥下采光,尤其是间隔距离过近,对桥体形成前后遮阳的情况下将更加显著地降低桥阴光环境质量。对于穿越有高大建筑遮阴的高架桥段,建议其下桥阴环境改为非植物的景观元素进行空间景观处理,如第五章将探讨的水景观、铺装、场所等元素。

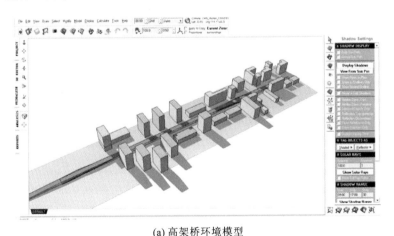

(a) 高架桥环境模型

**图 3-8　珞狮北路高架桥下受建筑影响的桥阴光环境对比**

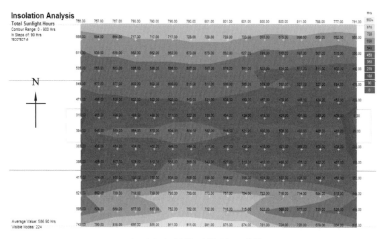

（东西走向桥体平均日照时数）

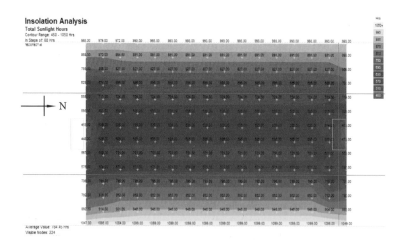

（南北走向桥体平均日照时数）

(b) 生长期中平均日照时数对比

续图 3-8

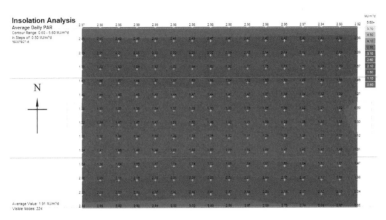

（东西走向桥体平均日照时数）

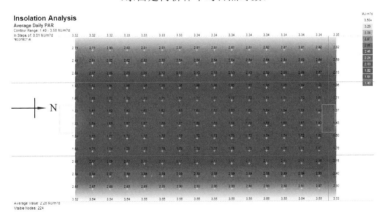

（南北走向桥体平均日照时数）
(c) 生长期中PAR对比

**续图 3-8**

（上图均为有建筑遮挡，下图均为无建筑遮挡）

# 3.4 高架桥布局设计对桥阴光环境影响的改善建议

通过分析可知,高架桥自身的建设布局、设计形式对桥阴光环境产生直接影响,具体影响关系如下。

(1) 桥体走向的影响:东西走向的高架桥下南边采光较好,日照时间、近桥边处 PAR 都表现出比南北走向桥阴下有更好的优势,但分布范围较窄,通常强光宽幅仅为桥阴下全宽的 15% 左右。北面只有在春季、夏季有部分直射光,其匀质性远不及南北走向高架桥。

较好走向可以使高架桥下获得更好的光环境。武汉地区最佳受光面方向为南偏西 15°,即桥体走向为南北向偏西 15°,在此位置朝东 20° 范围内均采光良好。这给第五章研究提供了基于光适应的桥阴植物应用主要的范围,即:东西向高架桥下南边 1/5 宽幅范围内适合考虑阳性耐阴、甚至部分阳性植物,其余部分则应重点考虑阴性植物;南北走向桥阴光强分布相对较均匀,但最高值不大,可较大面积的应用耐阴植物和阴性植物。

(2) 桥下 $B$ 值的影响:$B$ 值越大,越有利于桥阴采光。

桥下 $B$ 值的增加,对南北走向高架下日照时数改善有明显的效果,较差走向和较好走向下的平均 PAR 都随 $B$ 值呈线性正相关,但两个典型走向对减少低 PAR 面积比、减少低光照时数的临界 $B$ 值不同,较好走向下可以用更小的 $B$ 值实现减少低值影响范围比。相反由于走向的原因,想要实现桥下更高的 PAR 和光照时数区域面积比,则较差走向的桥体下由于南面可以获得几乎全天的光照,较之南北向桥体,其更容易实现高光区域面积比。

(3) 桥体主动导光设计有利于桥阴采光。

通过分离式设计、高低错开式(如上下匝道)、增加净空高度,增加桥下空间 $B$ 值等都会对桥阴下最阴暗处采光带来明显改善,东西向桥比南北向改善幅度更大。东西向的关山大道高架桥中间宽约 1 m 的分离缝下面对应有约 2 m 宽且平均光合辐射为 1.82 MJ/(m² · d) 的较强分布带,比周边较阴区域光强高出 2 倍多,可见高架桥主动导光起到了较好的增强桥下自然光环境的效果。

此外,桥体墩柱结构、材料、颜色等对桥下采光也有一定的改善作用。墩柱结构、体量对桥下采光有明显的影响。多柱墩、方柱墩在桥下投影遮阳面积较大,单柱墩、同直径的圆柱墩遮光较小。高架桥自身的材料及其反光系数对桥下光环境有影响。如混凝土箱梁对比浅色钢箱梁材质,前者材质对桥下光照度反射率约为0.476,后者约为0.716,不同材质的使用将有不同程度的桥阴光环境改善效果。对比不同高架下的墩柱结构形式,桥下墩柱、梁的形式、材料、颜色、尺寸对桥下采光、反光有影响,如光谷大道高架桥支撑横梁为2.5 m高,表面积达 21 m² 的等腰梯形,对南面阳光进入形成了一个较大的遮挡;珞狮北路高架桥为新的浅白色大弧形钢箱梁,对阳光导入以及光线的反射都有利。同宽度的圆柱比方柱更有利于导光。

## 3.4.1 倡导桥体的主动导光

高架桥主动导光,即高架桥主动式桥下导入阳光的简称,本文是指利用设计建造手段预留出一定宽度的高架桥面板分离缝,让阳光能较多进入桥下垂直投影中的桥阴空间的处理措施。高架桥主动导光技术通常主要采用分离式高架桥处理(见图 3-9),从设计层面上使阳光、雨水、风直接从桥中间空隙进入桥下空间,使得桥阴中间原本最阴暗位置的光环境得到有效改善。城市高架桥建设之初,设计环节就应更多纳入桥阴主动导光的理念,将桥体

**图 3-9 关山大道高架桥中间分离式主动导光**

设计成错层式、分离式等。在符合道路宽度条件的情况下，基于主动式导入阳光的考虑，研究分幅式的高架桥布局，调节分幅式间距和净空，兼顾功能、美学、经济效益的前提下，尽可能提高桥下空间的高宽比 $B$ 值，改善桥下采光。根据不同地段的城市环境，研究高架桥的桥型（包括墩形、梁形）、色彩和材质对减少桥下阴影区、保证视线通透的作用。采取复合式高架组织方式争取阳光对地表的积极影响。

增加桥阴光环境的高架桥设计与建设可以表现为以下几方面：

（1）桥下绿地设置考虑桥体基本走向。相比东西走向高架下的绿地，尽量将桥下绿地选择在南北走向、平均光环境更佳的桥下；东西走向的桥下则南北两边的布置植物品种应不同，尽量减少周边高大建筑物、树木等的遮挡，南面采光最佳，可以适当增加中性偏阳的植物种植。

（2）在允许的情况下，增加桥下的高宽比，有利于更多的阳光进入。如缩窄桥面宽度，将原 8 车道、6 车道高架桥缩减为 4 车道，甚至双车道，这将大大增加桥下阳光进入的时间和强度、比例范围。

（3）增设较宽导光缝。将原一块板桥面拆分为两块板桥面。中间结合道路分车带留出 2 m 左右的缝隙，有利于日光从缝隙中进入桥下，特别是正午直射光进入，大大改善了原来桥阴中最阴暗的中轴线位置的自然光环境，有利于桥下植物生长和光环境改善。可以有效减少较宽桥面下正中的阴影区以及提高阴影区的最低值。这点对东西走向、较差采光走向的桥下增光效果显著。

（4）改善高架桥的材料、颜色、墩柱形式。尽量用简单、弧线形的钢箱梁结构，涂刷浅色甚至反光颜料，墩柱尽可能弧线形，同时缩小其体积和横断面积，有助于增加桥下光强。

## 3.4.2　被动式桥下导光技术构思

被动式导入阳光的技术即利用成熟的导光技术，将阳光通过反射或传导的原理引入桥下。其中对利用在城市高架桥上的反射板导光技术的研究较少。但已有一些研究用于将阳光导入建筑内部，利用自然光照明的技术。如美国对采集太阳光用于照明的研究始于 20 世纪 90 年代中期。欧盟将近

10年太阳能供暖研究和发展预算的85％转向日光照明技术研究。瑞士日光巴士（Heliobus）公司和俄罗斯 Aizenberg 教授合作开发太阳光室内照明系统，该系统由定日镜（一种异形凹面镜）采集太阳光，通过棱镜光管（美国3M公司提供）将太阳光传入室内。存在的问题是系统结构庞大、安装工艺复杂、太阳光的有效利用率低、导光管内层的反射薄膜加工难度大等。良好的自然光传导技术构成的如"太阳光导入器"等由于成本过高，且与本书所面对的高架桥下空间大面积采光要求不符，不予考虑。

反光板用于室外桥阴植物生长还需要作为单独的专题进行深入探讨。目前在反光板材料基础研究的相关文献中，很少涉及植物补光的应用。车承焕（1987）较早探讨了用无氰酸性镀技术来提高反光板对阳光的反射率实验，饶觉陶等（1998）研制了测量反光板相关性质的仪器。戴立飞等（2007）介绍了反光板的作用原理，结合具体案例的软件模拟，提出在建筑设计过程中利用反光板进行自然采光的设计和分析方法。太阳光反光板主要集中在材料性能及其对环境影响方面的研究，C. Siva Kumar 等（2000）探讨了铝合金 2024 对太阳光反射率的特性，红外光吸收和反射率之比低于 0.2，但是反光板主要与光电板研究联系较多，用于植物生长的反光板研究与利用较少。

本课题提倡的桥身一体化的反光板导光主要考虑高架桥可以兼顾交通噪声屏障的反光板形式将阳光导入桥下，或为重要地段（如引桥端下）补光，以及高宽比小的桥下绿化需要考虑被动式导入阳光处理，改善桥下光环境，为桥下绿化或农业种植提供必要的阳光（见图 3-10）。高架桥利用反光板给桥阴植物补光的同时还可以进行颜色、材料处理，利用其中的一些光谱波段引诱桥上飞虫至桥下绿地，达到资源节约、生态、提高土地利用效率的目的。

必要地段采用人工光源补光、增光的技术措施满足高架桥下更多的光照需求的方式。目前在国内外，自然开敞环境中对高架桥下绿地人工补光做得很少，主要手段是在桥下安设庭院灯、路灯、射灯、灯箱等来补充桥下夜晚交通照明和部分广告、海报在夜晚的宣传照明。

对于有绿化植物的桥阴下，应注意避免晚上在附近用大面积、高照度的人工光源，主要防止造成植物生理机能的紊乱，如过快生长，降低了对外界不良环境的抵抗力。

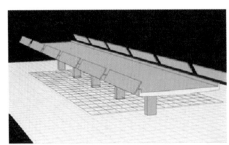
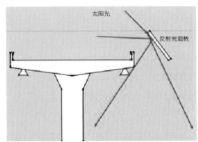
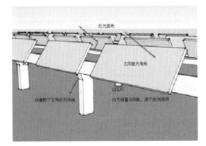
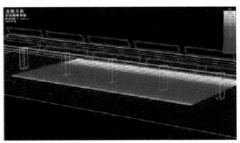

图 3-10 高架桥反光板被动式导光构思示意图

# 3.5 本章小结

本章主要研究了城市高架桥自身的建设特征对桥阴光环境的影响规律，并讨论了改善桥下光环境的措施及理念。

首先探讨了不同走向对桥下采光的变化影响特征。利用 Ecotect 软件分析在同净空、同宽度、不同走向（极端值）的样本高架桥下自然光采光率、PAR 在桥阴下的时空分布变化规律，发现南北向桥阴在平均值、分布均匀度方面明显优于东西向高架桥下的桥阴光环境，东西向高架桥下较好光环境集中在南面狭窄的桥边范围。提出了武汉市高架桥下桥阴获得最佳采光的走向范围即南北向偏西 15°至南北向偏东 5°的范围区域。

利用同宽度、不同净空高度的东西向、南北向两座样本桥，分析了其桥阴变化规律，整体都是随 B 值增加呈正相关的线性增长关系。

高架桥主动导光的建设有利于桥下光环境改善，分析了可以通过主动导光改善桥下光环境的几种做法，同时发现通过建设分离式高架桥设置导光缝的做法,对东西向高架桥下的桥阴环境,尤其是中间最阴环境的改善效果比南北向的显著。

　　本章最后尝试对改善桥阴光环境提出了基于主动导光的高架桥设计、建设建议,在此基础上对特定地段桥阴空间还提出了被动式桥下导入阳光、人工照明补光等理念,旨在对桥阴光环境的改善提出参考建设。

　　本章针对桥阴光环境特征研究,主要选择了桥体走向、桥下净空 $B$ 值、主动导光三个桥体建设指标对桥阴自然光环境的影响进行了分析,仅仅考察了有效生长期内自然光 PAR、日照时数跟桥阴绿地相关的指标数据影响关系。在全面校正、整体考察桥阴光环境方面还有不全面之处,有待今后的进一步跟踪调研。

# 第四章　桥阴绿地植物需光特性

## 4.1　耐阴植物光合特性认识

光是驱动绿色植物光合器官运行最为重要的因子。已有很多学者对不同光环境下植物光合特性进行了研究,大多是在处于林缘、林窗、或人工遮光等特定光环境下的森林植物、实验大棚、实验地的研究。已有研究表明植物能够通过改变形态和生理结构来适应光环境,幼苗能够通过改变生物量分配模式来适应光环境,林木通过调整叶片种类(阴生叶和阳生叶)、叶聚集程度、叶倾角和叶片气孔导度等适应光环境。由于高架桥的遮阳、挡雨,以及道路两边交通尾气、扬尘影响,桥阴绿地生境有了新的变化。目前针对城市高架桥桥阴绿地植物光合特征研究以及品种筛选还没有开展完善的系列工作,尤其对长期生长于城市高架桥下不同光环境中的阴生与耐阴植物光合特性研究较少。开展高架桥对桥阴植物的影响研究有助于建设城市林业从而改善人类居住环境。

高架桥下植物按其形态特征可分为乔木、灌木、草本、藤本4类。不同类型、不同品种植物对桥下环境的适应能力也有差异。本研究测定桥下光环境,模拟桥阴植物光-光响应曲线(Pn-PPFD),确定高架桥下植物的光饱和点(light saturation point,LSP)、光补偿点(light compensation point,LCP)、表观量子效率(apparent quantum yield,AQY,$\phi$)、净光合速率(Pn)以及最大净光合速率($A_{max}$)等指标,代码见表4-1。了解桥下植物光合特性对外界自然光光强的反应,判断桥下植物对自然光环境的适应及其耐阴能力高低。本章与第三章分析相匹配,为合理的桥阴绿化植物品种选择提供参考。

表 4-1　本实验相关代码及含义

| 代　　码 | 含　　义 | 单　　位 |
|---|---|---|
| Pn | 净光合速率<br>(photosynthesis rates) | $\mu molCO_2 \cdot m^{-2} \cdot s^{-1}$ |
| AQY, $\phi$ | 表观量子效率<br>(apparent quantum yield) | $\mu molCO_2 \cdot \mu molCO_2^{-1}$ |
| $A_{max}$ | 最大净光合速率<br>(the maximum photosynthesis rates, Amax) | $\mu molCO_2 \cdot m^{-2} \cdot s^{-1}$ |
| LCP | 光补偿点<br>(light compensation point) | $\mu mol \cdot m^{-2} \cdot s^{-1}$ |
| LSP | 光饱和点<br>(light saturation point) | $\mu mol \cdot m^{-2} \cdot s^{-1}$ |
| Pn-PPFD | 光-光响应曲线<br>(photosynthetic rates-photosynthetic photo flux density) | — |

# 4.2　样本地实验植物材料

## 4.2.1　实验目的

利用 LI-6400XT 光合仪(美国),对桥阴绿地中正常健康生长的植物叶片进行光-光响应曲线的测定,旨在了解:

(1)测试植物叶片在外界不同梯度光量子通量密度 PPFD 响应下,对应的光合有效速率 Pn 的变化情况,得到 Pn-PPFD 的光-光响应曲线。

(2)通过非直线双曲线方程,求解出该植物光响应曲线中 LCP、LSP、$A_{max}$、$\phi$ 相关光合特性指标值。

(3)依据求得的光合特性指标值进行耐阴性的聚类分析,得到测试植物正常生长所需要的外界光强类别范围,有利于针对自然光环境配置植物种类。

## 4.2.2　场地与材料

以武汉市城区 5 座代表性高架桥为主,实验材料信息概况见表 4-2,荷叶山段高架桥下实验地植物材料及生长状况观察见表 4-3,种植位置见图 4-1。观测期间桥阴 PAR 大小及分布见图 4-2。田野实测 29 种桥阴植物光合特性。

**表 4-2　待测桥下绿化植物及其桥下环境基本信息**

| 实 验 材 料 | 代号 | 所在高架❶ | 测试处光环境特征 | 栽植时间 | 生长状况 | 环境 |
|---|---|---|---|---|---|---|
| 八角金盘<br>(*Fatsia japonica*) | FJ | 光谷大道高架桥 | 引桥边全日照处,桥下净空 5 m 中横断面 | 2007年,片植 | 良好 | 桥下两边匝道 |
| 金边阔叶麦冬<br>(*Liriope platyphylla*) | LP | | | | | |
| 杜鹃<br>(*Rhododendron simsii*) | RS | | | | | |
| 金丝桃<br>(*Hypericum wilsonii*) | HW | | 桥下净空12 m,阴处采光率14%~16%,桥下有部分时段阳光照射 | 2008年,宽条状满植 | 良好,金丝桃有部分叶灼现象 | 交通道路 |
| 熊掌木<br>(*Fatshedera lizei*) | FL | 卓刀泉高架桥 | | | | |
| 桂花<br>(*Osmanthus fragrans*) | OF | | | | | |
| 石楠<br>(*Photinia serrulata*) | PS | | | | | |
| 狭叶栀子<br>(*Gardenia stenophylla*) | GS | | | | | |
| 红花酢浆草<br>(*Oxalis corymbosa*) | OC | | | | | |

---

❶　高架桥基本信息见第二章 2.1.2 内容。

续表

| 实验材料 | 代号 | 所在高架 | 测试处光环境特征 | 栽植时间 | 生长状况 | 环境 |
|---|---|---|---|---|---|---|
| 海桐（*Pittosporum brevicalyx*） | PB | 珞狮北路高架桥 | 净空 5 m 处,中间种植台全阴,路边匝道下绿化带有 1～2 小时阳光照射 | 2009 年,灌木多乔点缀 | 海桐较差,其余良好 | 两边商业建筑 |
| 瓜子黄杨（*Buxus sempervirens*） | BB | | | | | |
| 法国冬青（*Viburnum odoratissimum*） | VO | | | | | |
| 夹竹桃（*Nerium indicum*） | NI | | | | | |
| 丝兰（*Yucca smalliana*） | YS | | | | | |
| 鸡爪槭（*Acer palmatum*） | AP | | | | | |
| 紫薇（*Lagerstroemia speciosa*） | LS | | | | | |
| 茶梅（*Camellia sasanqua*） | CS | | | | | |
| 南天竹（*Nandina domestica*） | ND | | | | | |
| 红叶石楠（*Photinia fraser*） | PF | 荷叶山段高架桥 | 净空 11 m 处,两边有阳光照射,有遮阳网,桥下采光率为 4%～80% | 2011 年 4 月 | 实验地,条陇状栽种,生长良好 | 周围空旷 |
| 洒金桃叶珊瑚（*Aucuba japonica*） | AJ | | | | | |
| 扶芳藤（*Euonymus fortunei*） | EF | | | | | |
| 结香（*Edgeworthia chrysantha*） | EC | | | | | |
| 凌霄（*Campsis grandiflo*） | CG | | | | | |

续表

| 实 验 材 料 | 代号 | 所在高架 | 测试处光环境特征 | 栽植时间 | 生长状况 | 环境 |
|---|---|---|---|---|---|---|
| 常春藤<br>（*Hedera nepalensis*） | HN | | | | | |
| 大叶黄杨<br>（*Euonymus japonicas*） | EJ | | 净空 11 m 处，两边有阳光照射，有遮阳网，桥下采光率为 4%～80% | 2011年4月 | 实验地，条陇状栽种，生长良好 | 周围空旷 |
| 狭叶十大功劳<br>（*Mahonia confusa*） | MC | 荷叶山段高架桥 | | | | |
| 爬山虎<br>（*Parthenocissus tricuspidata*） | PT | | | | | |
| 花叶络石<br>（*Trachelospermum jasminoides*） | TJ | | | | | |
| 棣棠<br>（*Kerria japonica*） | KJ | | | | | |

表 4-3 实验地苗木生长观察统计表

（栽种时间 2011 年 4 月 25 日，统计时间 2012 年 4 月 25 日）

| 编号 | 苗木种类 | 初种规格（cm） | 数量 | 成活率（%） | 观察期生长主要外部特征 |
|---|---|---|---|---|---|
| 1 | 红叶石楠（PF） | P25 | 50 | 88 | 新叶片失去红色，植株长势不明显 |
| 2 | 茶梅（CS）<br>小球小苗 | P30<br>P15 | 50<br>50 | 96<br>93 | 11 月花朵盛开，大，近桥边花鲜艳，桥内花色偏白，茶梅小球的花苞平均每株 9～11 个，小苗 4～6 个 |
| 3 | 八角金盘（FJ） | P20 | 100 | 100 | 叶增大明显，平均新长叶 8～10 片，长势良好 |
| 4 | 南天竹（ND） | P20 | 100 | 91 | 良好，新长叶 13～14 片 |

续表

| 编号 | 苗木种类 | 初种规格<br>（cm） | 数量 | 成活率<br>（％） | 观察期生长主要外部特征 |
|---|---|---|---|---|---|
| 5 | 法国冬青<br>（VO） | P25 | 100 | 100 | 良好,平均新增叶 16～20 片 |
| 6 | 爬山虎<br>（PT） | L20 | 100 | 95 | 茎长每株平均增长达 3.8 m |
| 7 | 忍冬<br>（LI） | L25 | 100 | 97 | 茎长平均增加 12～15 cm |
| 8 | 桃叶珊瑚<br>（AJ） | P30 | 100 | 100 | 近东边桥下有叶灼现象,平均长高约 6 cm |
| 9 | 杜鹃<br>（RS） | P25 | 100 | 48 | 瘦小,叶片偏黄,增长量 3～5 cm |
| 10 | 扶芳藤<br>（EF） | L20 | 100 | 94 | 茎长平均增加 14～16 cm |
| 11 | 沿阶草<br>（OB） | 蔸 | 100 | 100 | 长势茂盛,开花结实 |
| 12 | 结香<br>（EC） | P25 | 100 | 12 | 肉质根栽植处理不当引起死亡,成活每株新长 8～10 片大叶,增高 7 cm |
| 13 | 棣棠<br>（KJ） | P30 | 100 | 100 | 枝平均增长 90～93 cm,6 月份少量开花 |
| 14 | 小叶栀子<br>（GS） | P20 | 100 | 100 | 长势良好,平均每株 4～5 朵花 |
| 15 | 细叶麦冬<br>（LM） | 蔸 | 100 | 100 | 长势良好,开花结实 |
| 16 | 凌霄<br>（CG） | P15 | 100 | 95 | 枝干每株平均增长 20～23 cm,叶片 13～14 片 |

续表

| 编号 | 苗木种类 | 初种规格（cm） | 数量 | 成活率（%） | 观察期生长主要外部特征 |
|---|---|---|---|---|---|
| 17 | 常春藤（HN） | L15 | 100 | 47 | 苗源较差，根部坏死。成活苗平均增长量8～10 cm |
| 18 | 海桐（PK） | P25 | 100 | 100 | 有很多徒长新枝叶 |
| 19 | 大叶黄杨（BM） | P30 | 100 | 84 | 曾遭病虫害，长势较弱，治愈后生长良好 |
| 20 | 十大功劳（MC） | P30 | 100 | 83 | 前至10月份均生长良好，后生霉菌病。治愈后恢复生长 |
| 21 | 玉簪（HA） | P25 | 100 | 0 | 全部死亡，可能与桥下弱光、土壤等有关 |
| 22 | 瓜子黄杨（BS） | P25 | 100 | 92 | 8月份有虫病，叶子90%遭侵蚀，打药后慢慢康复，生长良好 |
| 23 | 花叶络石（TJ） | P15 | 100 | 85 | 新叶片有花色，平均每株增5～6片叶 |

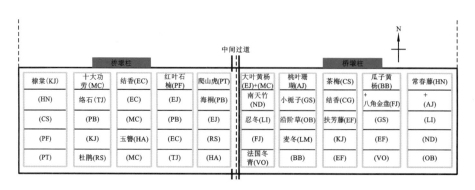

图 4-1 实验地苗木种植位置示意图

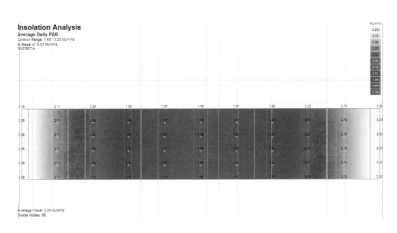

**图 4-2 实验地在观察期平均 PAR 分布情况**

注:5 月 1 日—10 月 31 日,东西两面基本对称分布,两边往中间递减。最高 PAR 为西面 3.39 MJ/(m² · d),东面最高为 3.3 MJ/(m² · d),中间最低为 1.56 MJ/(m² · d)。

桥下土质为黄黏土,板结度高,肥力差,遂混入 20 cm 深的泥炭土+细沙深挖土壤进行改良。桥下缺少雨水,对桥下实验地水管理带来严重挑战。笔者于 2011 年 4 月初在光谷大道高架下试种实验失败,水管理难度大是主要原因。开辟实验地时选择在南段桥边有一个露天水塘的 11 m 净空跨间,有利于后续就近水管理。为避免高净空下两侧强阳光对新栽苗的晒伤,还特意搭建了一层遮阳网,模仿较低净空下的桥阴生长环境。苗木栽种平面及成活情况见表 4-3,图 4-1、图 4-3,笔者聘请当地一个苗木养护人员进行实验地日常兼职养护工作,定期记录、管理。

1) 光合日动态木本代表种八角金盘

八角金盘属(FJ)五加科八角金盘属,常绿灌木或小乔木,成年株高 3～5 m,直立少分枝,叶革质,有光泽,5～9 掌状深裂,叶缘有锯齿,叶背被黄色短毛;白色伞形花序集成顶生圆锥花丛,花期一般在 10～11 月之间。八角金盘全株可入药,是优美的庭园观叶植物,有园林"下木之王"美誉。

桥下植物生长状况与桥下光环境呈现出很好的呼应关系:引桥端 1.5 m净空的桥下正中无存活的八角金盘,但桥下近路两边各 0.4 m 宽范围内八角金盘生长良好,高度达 1.8～2 m,且一律朝外斜长并伸出桥外,受光良好,

**图 4-3 三环线荷叶山段高架桥下桥阴苗木试种实验地**

(a)2011 年 5 月;(b)2011 年 7—8 月;(c)2011 年 11 月;(d)2012 年 4 月

花果正常,叶面积比桥内八角金盘均小;随着桥下净空增高,桥下片植的八角金盘覆盖密度增大,植株增高,长势良好(见图 4-4)。

测试日期为 8 月 13 日、8 月 15 日、8 月 20 日的全晴天,气温 25～42 ℃,湿度 30%～80%,同时在桥下测试点安放 TES 自记式照度计,每隔 3 min 自动存储一个光强值,作为桥下光环境光照率的参照值。

2) 光合日动态草本代表种金边阔叶麦冬

金边阔叶麦冬,百合科麦冬属,多年生草本。因叶边缘有金黄色边带,观赏效果较普通深绿色阔叶麦冬更佳,且开花为长串紫色花序,观赏效果

**图 4-4　光谷大道高架下八角金盘生长情况呈现不同光响应变化**

好,是现在值得推广的一种园林绿化观赏地被。测试地点选择在东西走向的卓刀泉高架桥下,均为近桥边栽种(见图 4-5)。卓刀泉高架下净空达 10 m,散射光相对较多,南面桥边为全日照。测试日期为 8 月 29 日全晴天,气温 24～32 ℃,湿度 45%～90%。

**图 4-5　卓刀泉高架下金边阔叶麦冬实测**

## 4.2.3　实验方法

本文尝试从叶片光合特性来研究桥阴植物在桥下不同光环境下的光合变化规律。主要研究思路是:测试桥下典型的木本、草本各一种代表植物在桥阴、全光照下的光合日动态,了解两者的光合差异,确定其日变化的最高时段;其次是针对桥阴植物进行光-光响应曲线(Pn-PPFD)研究,计算植物的 LCP、LSP、AQY 及 $A_{max}$ 等光响应参数,了解植物的耐阴性,即在桥阴弱光环境下的生活能力。

#### 4.2.3.1　光合日动态测定

利用 LI-6400XT 便携式光合测定仪（Li-Cor,Inc,美国）的开路系统,于 2011 年 8 至 9 月全晴天,在武汉市光谷大道高架、卓刀泉高架下,分别选取大小一致,生长状况良好的木本类代表植物八角金盘、草本类代表植物金边阔叶麦冬,在桥边南面全日照下各 3 株,桥下正中、离桥南边 5 m 处、桥北边 5 m 处的全阴下各 1 株,即全阴下共 3 株,测定时选取植株顶部从上往下数第 3～5 片完全展开、生长状况相对一致且相互之间无相互遮阴的成熟功能叶片各 3 片。八角金盘全日照对比植株标号 A,每株 3 片成年健康叶依次进行二级角码标注;桥下 5 m 净空全阴处 3 株标号为 a,其每株 3 片叶同样分别进行二级角码标注。金边阔叶麦冬全阳处对应标注为 B,全阴处标注为 b,其叶片同上依次二级标注并在叶尖贴上小标签。测量时用笔做好叶室夹住的测试位置记号,用方格纸法计算叶面积。测定过程中尽量保持叶片原来状态,包括位置、角度等,共 9 个重复。

测定时间从 7:00—18:00,每小时测一次光合变化读数,进行全阳和桥下全阴植物光合日变化对比,了解其不同光环境下的光合变化特征。主要测定指标有:净光合速率（Pn, $\mu$molCO$_2$ · m$^{-2}$ · s$^{-1}$）、CO$_2$ 浓度（Ca, $\mu$mol · mol$^{-1}$）、光合有效辐射（PAR, $\mu$mol · m$^{-2}$ · s$^{-1}$）、环境温度（T, ℃）、空气相对湿度（RH,%）,在此基础上参考何维明的方法计算表观光能利用效率（LUE＝Pn/PAR）。

#### 4.2.3.2　光-光响应曲线测定

利用 LI-6400XT 便携式光合仪的开路系统测定光响应曲线。控制环境条件,CO$_2$ 浓度控制在 400 $\mu$mol · mol$^{-1}$,空气流速为 0.5L · s$^{-1}$,气温控制在 26±1 ℃,相对湿度 60%±5%。测定前,提前确定桥阴绿地植物的最适诱导光强和诱导时间,以避免饱和光强太大可能产生的光抑制。

将光合仪自带的 LED 红、蓝人工光源的光照强度为 1400 $\mu$mol · m$^{-2}$ · s$^{-1}$,轻夹叶片诱导 30 min,然后依次设置叶室光量子密度为 2000、1800、1600、1400、1200、1000、800、600、400、200、150、120、100、50、20、0 $\mu$mol · m$^{-2}$ · s$^{-1}$ 共 16 个梯度值,从高到低,依次自动测定桥阴植物的净光合速率（Pn）变化情况,每个 PAR 梯度平衡约 120 s,重复 3 次,每个重复选取 1 株,

每株选取 1 片健康成熟叶。

测定时间在全晴天的 9：00—15：00 时段。小于叶室的叶片采用方格纸描图法计算叶面积,将叶面积直接输入仪器进行自动换算。最后取 3 个重复平均值做曲线图。

## 4.2.4　数据分析与处理

将光合仪数据直接导入 Excel2003 中,并以 PPFD 为横轴,Pn 为纵轴绘制光合作用光响应曲线(Pn-PFFD 曲线),利用光合小助手(photosynthesis asistant)、SPSS17.0 分析软件、非直角双曲线模型,拟合出最大光合速率($A_{max}$,$\mu mol \cdot m^{-2} \cdot s^{-1}$)、表观量子效率($\Phi$,$mol \cdot mol^{-1}$)、光补偿点(LCP,$\mu mol \cdot m^{-2} \cdot s^{-1}$)和光饱和点(LSP,$\mu mol \cdot m^{-2} \cdot s^{-1}$)。

依据 Farquhar 等方程拟合 Pn-PPFD 曲线,进行光响应曲线方程非线性回归和"非直线双曲线"模型的数学分析,计算出各种植物的 LCP、LSP 以及最大净光合速率($A_{max}$)的值,在光量子照度 $0\sim200$ $\mu mol \cdot m^{-2} \cdot s^{-1}$ 时通过线性回归求出光响应曲线直线方程的斜率,即表观量子效率($\Phi$)。

非直角双曲线方程,公式如下:

$$A = \frac{\phi Q + A_{max} - \sqrt{(\phi Q + A_{max})^2 - 4k\phi Q A_{max}}}{2k} - R_{day} \tag{4.1}$$

式中,$A$ 为叶片净光合速率 Pn,$Q$ 为光通量子密度(即等同于光合有效辐射 PAR),$\phi$ 为表观量子效率 AQY,$A_{max}$ 为最大净光合速率,$k$ 为方程的曲率,$R_{day}$ 为暗呼吸速率。统计分析中采用 SPSS17.0 软件,利用其中的"非直线回归"模块。光强在 200 $\mu mol \cdot m^{-2} \cdot s^{-1}$ 以下点的线性方程与非直线双曲线模型计算出来的 $A_{max}$ 的交点即为光饱和点,响应曲线与 $x$ 轴的交点即为光补偿点。

# 4.3　样本地植物光合特性解析

## 4.3.1　环境因子日变化

主要针对全阳处和全阴处太阳辐射强度(PAR)、空气中温度(T)、湿度

(RH)和 $CO_2$ 浓度(Ca)的日变化情况,了解上述两种植物观测的环境因子日变化背景。以光谷大道高架桥为例,桥下 5 m 净空的环境因子日变化特征如下。

1)桥内外光照强度

从图 4-6 可知,东西走向且高宽比为 0.2 的桥下全阴处在全晴天中最高光强不到 60 $\mu mol \cdot m^{-2} \cdot s^{-1}$,为桥外全阳处 18 时最低光强的 1/3,仅为桥外中午最高值的 3.7%。此强度随着桥下位置的不同,桥内光强还有较明显差异:桥下正中桥阴 2 处最低,基本稳定在 20 $\mu mol \cdot m^{-2} \cdot s^{-1}$ 左右,为南面离桥边 5 m 桥阴 1 处光强的 40%,为北面离桥边 5 m 桥阴 3 处桥下光强的 50%。但桥下全阴处平均 PAR 日积分值都在 5% 以下(1.7%～4.5%),由此可见,高架桥下尤其是桥中绿地要栽种绿化植物,必须是低补偿点的阴性或耐阴植物。

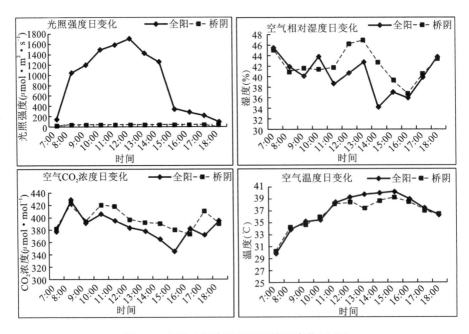

**图 4-6 光谷大道高架桥下环境日变化(8 月)**

2）桥内外空气湿度

光谷大道高架桥下的空气湿度大于桥外全阳处，这与桥体的上层遮盖有关。在 11:00—15:00 之间，都明显高于桥外，中午 12:00—14:00 表现尤为明显，14 点时差值达到最大的 8.4%，桥内比桥外高出 24.6%。

3）桥内外 $CO_2$ 浓度

$CO_2$ 浓度桥内大多高于桥外，这与桥下通风较桥外差有关，同时桥外主要是道路，车流经过产生的废气更容易积聚在桥下。特别是早上 8 点，桥内桥外都形成一个峰值，这与桥内植物一晚上的呼吸作用、桥外街道上班高峰期车流量密集有关。随时间推移，外界 $CO_2$ 浓度逐渐下降，桥内 $CO_2$ 浓度也逐渐下降，但在下午 5 点桥内又出现了一个峰值，当天只有 2 级微风，桥两边车流量大，桥下 $CO_2$ 浓度积聚。

4）桥内外空气温度

桥内桥外空气温度总体变化不大，只有在中午 13:00 时出现了桥外比桥内高出 2.5 ℃ 的情况，因为桥体遮阴，桥内日平均温度总体比桥外稍偏低 0.56 ℃。

图 4-7 为东西向卓刀泉高架下阔叶麦冬测量时桥内外光合有效辐射 PAR 日变化情况，因为桥下净空达 10 m，其采光日积分值约为桥外全光照的 28.23%，瞬时最大采光比为 15 时、16 时的 45%～48%（18:00 除外），且

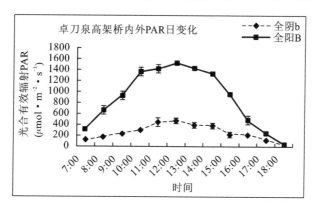

图 4-7  东西向卓刀泉高架光合有效辐射日变化（8 月）

最高值在桥下于 12：00 达到 454 $\mu mol \cdot m^{-2} \cdot s^{-1}$，为光谷大道高架下 5 m 净空最高值的 7.6 倍。此桥下净空的高宽比为 0.56，为光谷大道 0.2 高宽比的 2.8 倍。可见随着桥下净空的高宽比增大，桥下 PAR 呈快速较大比例的增加，耐阴植物生长已经不受桥下光环境限制。

## 4.3.2　代表植物光合日变化

### 4.3.2.1　叶片净光合速率日变化

净光合速率（Pn）是植物气体交换特征中最重要的参数之一，其值的高低是植物同化 $CO_2$ 能力的象征。从图 4-8 可知，八角金盘全阳与全阴下净光合速率变化呈现出明显的不同，全阳下为"双峰"型，峰值分别出现在 11：00 和 14：00，在中午 13：00 有"午休"现象，这与已有的相关文献结果相同，说明夏天中午强烈的光照、过高的气温、大量的蒸腾等综合作用下造成了八角金盘的气孔关闭，光合作用能力降低；从桥下全阴 3 株平均净光合速率情况来看，植物呈现典型的"单峰"变化，峰值出现在中午 12：00，且比全阳下的峰值都低。

图 4-8 可知，全阳的 3 株金边阔叶麦冬平均净光合速率日动态变化同样呈现出"双峰"型，其峰值分别在 9：00、15：00。上午 10：00 开始净光合速率开始下降，到 15：00 出现第二个小高峰。桥阴中的则呈现较明显的单峰变化，最大值 Pn 出现在 12：00，且与桥外同时的 Pn 值相差小，两者变化与其所处的光环境变化呈相近趋势，说明 PAR 对植物光合影响明显。

本研究发现，八角金盘、金边阔叶麦冬的 Pn 在武汉市桥阴下的日变化曲线呈单峰型，而在全日照下的 Pn 日变化曲线呈双峰型，可初步认定这两种绿化植物在武汉的全光照下有光合"午休"现象，八角金盘的研究结果与胡文海（2010）等人的研究结果相同。中午光合降低可能是强烈的日照、温度以及蒸腾等相关因素引起的。桥阴下单峰的产生迟于全光照下双峰值中第一个峰值出现的时间，这可以说明八角金盘、金边阔叶麦冬在适当遮阴条件下能有效生存，但其遮阴下净光合速率值会偏低，这与环境光强变化有近似关系，说明桥阴下光强变化与耐阴植物的净光合速率存在一定的相关性。本研究结果表明八角金盘和金边阔叶麦冬不耐武汉地区夏日的强光，适度

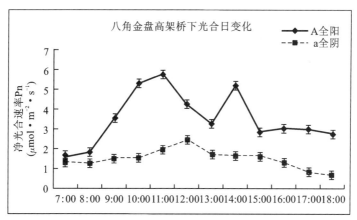

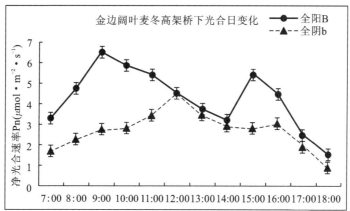

**图 4-8　八角金盘(左)、金边阔叶麦冬(右)桥下全阳与全阴叶片净光合速率日变化(8 月)**

遮阴有利于其更好的生长。

### 4.3.2.2　光能利用效率(LUE)

光能利用效率(light use efficiency,LUE)是指光合作用贮存的化学能与接受的太阳能之比,现在世界上大部分地区作物的年光能利用率不到1%,一般 C3 植物光能利用效率理论上可达 5%,LUE 通常用公式表示为:

$$LUE=Pn/PAR \tag{4.2}$$

八角金盘、金边阔叶麦冬的光能利用效率变化曲线如图 4-9 所示,可以发现,两种植物在桥阴下的光能利用效率 LUE 都比全阳下高,八角金盘的对比表现更加明显。说明这两种植物在夏季中午强阳光下的光能利用率都不及有遮阴的环境,强光有可能对植物的光合能力形成了抑制作用。有研究表明 LUE 与辐射强度之间呈负相关关系,这也恰巧说明了上述结果,即中午时段光照越强 LUE 越小,早晚光照较弱,LUE 增高迅速。

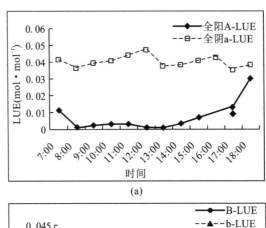

(a)

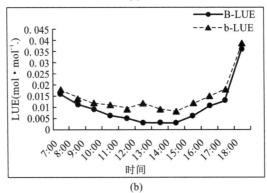

(b)

**图 4-9　八角金盘、金边阔叶麦冬高架桥下 LUE 日变化**

(a)八角金盘高架桥下 LUE 日变化;(b)金边阔叶麦冬高架桥下 LUE 日变化

从 LUE 的角度来看,植物的 LUE 高,则表明该类植物能充分利用该地区的光热资源,生产较多的有机物,其吸收 $CO_2$ 量相对比较大,对空气的碳-氧平衡贡献较多,有利于生态效益的提高。比较八角金盘、金边阔叶麦冬两种代表物,八角金盘利用弱光的能力更强,说明木本类耐阴植物较草本类耐阴植物有更高的 LUE 值,这与王雁(1996)、胡文海(2010)等人的研究结果有相同之处。故在城市绿化中,尤其是像在武汉市的城市高架桥下、建筑遮阴处、高架层下等场所进行绿化配置时,适当多运用 LUE 值相对较高的植物有利于更多的有机物积累和 $CO_2$ 的吸收,更好的发挥植物绿化的环境生态效益。

本试验是在城市高架桥下自然条件下进行测定的,涉及的叶片生理特征和环境条件比较复杂,植物净光合速率的变化不但与光强有关,还与叶片的气孔导度、蒸腾速率、气温、气孔限制值、胞间 $CO_2$ 浓度、光能利用效率、水分利用效率都密切相关,植物对光照的适应性不仅与植物种类有关,而且与植物的苗龄密切相关,植物的苗龄越小越耐阴。而且由于时间和条件限制,目前只跟踪了两个常见代表种的夏季光合日动态,具有一定的时间、对象的局限性,在城市高架桥下园林植物不同品种的光能和水分利用特性研究方面还有待于进一步深入的探讨。

## 4.3.3　光-光响应曲线(Pn-PPFD 曲线)

光-光响应曲线可反映植物的光合速率随光照强度增减而变化的规律。不同生态型植物对光照的响应不尽相同,其光合速率变化在强光和弱光下均有差异,通过解读植物光合作用主要器官叶片的光合性能,尤其是光-光响应曲线,可以了解到植物对光环境需求的几个重要指标,光补偿点 LCP、表观量子效率 $\phi$、光饱和点 LSP、最大净光合速率 $A_{max}$ 以及最大净光合速率和表观量子效率与植物耐阴性之间的关系,有助于了解不同程度的光强对植物光合强度的影响情况,从而可以较好地为光环境劣势的桥阴绿化筛选出较合适的耐阴植物。在本研究中,用非直线双曲线模型拟合植物光-光响应曲线,求得的各植物的光补偿点,亦表明,乔、灌、藤、草 4 大类植物的光能利用能力及耐阴能力的不同。

本研究测试的 29 种桥阴植物 Pn-PPFD 响应曲线图及其非直线回归的非直线双曲线方程见"附图 7:武汉市 29 种桥阴绿化植物 Pn-PPFD 曲线图谱",其中分析出来的主要光合特性见表 4-4。

综合上述研究结果,发现:所测 29 种植物的 LCP 最大值为夹竹桃的 $80.44\ \mu mol \cdot m^{-2} \cdot s^{-1}$,最小值为八角金盘的 $8.91\ \mu mol \cdot m^{-2} \cdot s^{-1}$,跨度较大,说明植物对光补偿点要求差距大,栽种时需要考虑位置的最低光强。

LSP 值大多分布在 $400\sim1000\ \mu\text{mol}\cdot\text{m}^{-2}\cdot\text{s}^{-1}$ 范围中,这与桥阴最高光强相近,说明夏季武汉市高架桥下适当的遮阴将会有利于测试植物的正常生长。

表 4-4　武汉市 29 种桥阴植物 Pn-PPFD 响应曲线主要光合特性

| 类别 | 序号 | 植物（代码） | 光补偿点 LCP ±S(标准偏差) /$\mu$mol·m$^{-2}$·s$^{-1}$ | 光饱和点 LSP±S /$\mu$mol·m$^{-2}$·s$^{-1}$ | 表观量子效率 $\phi$ | 最大净光合速率 $A_{max}$ ±S/$\mu$molCO$_2$·m$^{-2}$·s$^{-1}$ | 光照率 LL /% |
|---|---|---|---|---|---|---|---|
| 乔木 | 1 | 桂花(OF) | 21.67±6.93 | 540.33±14.29 | 0.0231 | 5.45±0.20 | 44 |
| | 2 | 石楠(PS) | 16.49±4.9 | 977.33±105.49 | 0.0243 | 10.98±1.27 | 45 |
| | 3 | 鸡爪械(AP) | 15.86±5.22 | 710.4±101.45 | 0.0354 | 9.4±0.36 | 36 |
| | 4 | 紫薇(LS) | 46.34±8.49 | 951.2±112.18 | 0.0288 | 9.15±0.29 | 32 |
| | | 平均 | 25.09 | 794.82 | 0.0279 | 8.75 | 39.25 |
| 灌木 | 1 | 法国冬青(VO) | 30.97±7.36 | 807.4±97.93 | 0.0316 | 11.16±0.86 | 32 |
| | 2 | 八角金盘(FJ) | 8.91±1.09 | 266.21±26.93 | 0.0311 | 8±0.45 | 4.5 |
| | 3 | 杜鹃(RS) | 22.97±0.98 | 1107.86±84.91 | 0.0221 | 8.69±0.48 | 28 |
| | 4 | 金丝桃(HW) | 28.47±1.8 | 492.75±51.01 | 0.0472 | 13.35±0.95 | 42 |
| | 5 | 熊掌木(FL) | 14.68±1.37 | 319.2±52 | 0.0237 | 7.22±2.81 | 19 |
| | 6 | 小叶栀子(GS) | 13.98±2.67 | 659.56±63.71 | 0.0172 | 11.1±0.37 | 40 |
| | 7 | 海桐(PB) | 14.22±4 | 584.56±46.92 | 0.0236 | 6.88±0.18 | 16 |
| | 8 | 瓜子黄杨(BS) | 16.39±4.56 | 932.8±126.71 | 0.0365 | 10.53±2.1 | 17 |
| | 9 | 夹竹桃(NI) | 80.44±11.78 | 855.63±92.25 | 0.0289 | 11.1±0.06 | 17 |
| | 10 | 丝兰(YS) | 20.72±5.03 | 1114.7±91.43 | 0.0282 | 10.22±0.12 | 18 |
| | 11 | 红叶石楠(PC) | 14.05±4.62 | 742.45±70.11 | 0.0285 | 9.01±0.11 | 14 |
| | 12 | 茶梅(CS) | 53.34±5.39 | 353.68±33.08 | 0.0261 | 7.06±0.68 | 13 |
| | 13 | 南天竹(ND) | 17.68±4.12 | 508.91±54.61 | 0.0194 | 4.62±0.26 | 12 |
| | 14 | 洒金桃叶珊瑚(AJ) | 11.02±1.51 | 484.59±11.31 | 0.0325 | 9.01±0.1 | 25 |
| | 15 | 结香(EC) | 19.31±2.15 | 837.22±60.76 | 0.0282 | 9.15±1.44 | 16 |

续表

| 类别 | 序号 | 植物（代码） | 光补偿点 LCP ±S(标准偏差) /μmol·m$^{-2}$·s$^{-1}$ | 光饱和点 LSP±S /μmol·m$^{-2}$·s$^{-1}$ | 表观量子效率φ | 最大净光合速率 $A_{max}$ ±S/μmolCO$_2$·m$^{-2}$·s$^{-1}$ | 光照率 LL /% |
|---|---|---|---|---|---|---|---|
| 灌木 | 16 | 大叶黄杨(EJ) | 37.72±13.89 | 893.35±8.57 | 0.019 | 10.51±1.5 | 15 |
|  | 17 | 狭叶十大功劳(MC) | 42.29±2.31 | 981.07±110.5 | 0.0272 | 10.76±0.37 | 16 |
|  | 18 | 棣棠(KJ) | 16.08±0.82 | 416.78±17.19 | 0.0245 | 10.17±0.3 | 32 |
|  |  | 平均 | 25.74 | 686.6 | 0.0275 |  | 20.92 |
| 草本 | 1 | 红花酢浆草(OC) | 59.85±2.83 | 786.6±103.81 | 0.0289 | 10.01±0.36 | 43 |
|  | 2 | 金边阔叶麦冬(LP) | 45.06±4.91 | 673.6±104.36 | 0.0169 | 8.74±0.36 | 48 |
|  |  | 平均 | 52.46 | 730.1 | 0.0229 |  | 45.5 |
| 藤本 | 1 | 扶芳藤(EF) | 19.52±3.98 | 300.8±59.35 | 0.0368 | 8.81±1.39 | 19 |
|  | 2 | 凌霄(CG) | 21.43±1.9 | 432.15±88.75 | 0.0291 | 8.65±3.12 | 18 |
|  | 3 | 常春藤(HN) | 12.21±6.87 | 499.3±26.88 | 0.0168 | 8.41±0.67 | 17 |
|  | 4 | 爬山虎(PT) | 36.41±2.95 | 343.59±23.35 | 0.0274 | 8.22±0.87 | 34 |
|  | 5 | 花叶络石(TJ) | 18.44±6.99 | 493.54±53.79 | 0.0239 | 8.03±5.58 | 17 |
|  |  | 平均 | 21.6 | 413.88 | 0.0268 | 8.41 | 21 |

### 4.3.3.1　光补偿点(LCP)

光补偿点(LCP)是指植物叶片在利用光能进行光合作用时,其中的有机物积累与消耗达到平衡时的光照强度。光补偿点低表示植物在较低的光强下就开始了有机质的正向增长,反映了植物利用弱光的能力强,即植物有更强的耐阴性,有利于植株在低光强环境下的光合有机物质积累和正常健康生长。因此植物叶片的光补偿点是衡量植物耐阴性的一个重要指标。耐阴植物往往为了适应所处低光环境的生存需要,降低其叶片光补偿点,以便达到积累更多的干物质供给植物体生命活动的需要。

自然光中通常用光合有效辐射（PAR）表示作用于植物光合的强度,植物生理生态中通常用光通量子密度来表示影响植物的光强单位,单位用 $\mu mol \cdot m^{-2} \cdot s^{-1}$ 表示。植物光补偿点的高低可以直接反映出植物对低弱光的利用能力大小,是植物耐阴性评价的重要指标(王雁,1996)。戴凌峰(2007)等研究认为,对植物耐阴性影响最大的因子是叶片的光补偿点,其次直接相关的因子有植物叶片的相对比叶重、叶绿素 a/b 的值、表观量子效率和叶片的最大净光合速率、光饱和点,间接相关的因子有植物叶片气孔密度和呼吸速率。

本研究中,利用表观量子效率、SPSS 软件结合非直线双曲线方程,求得桥阴植物的光补偿点(见表4-4),可知 4 类植物 LCP 各不相同,其中草本样品仅两种,其平均 LCP 值也最高,为 52.46 $\mu mol \cdot m^{-2} \cdot s^{-1}$,灌木其次为 25.74 $\mu mol \cdot m^{-2} \cdot s^{-1}$,乔木居第三为 25.09 $\mu mol \cdot m^{-2} \cdot s^{-1}$,最低为藤本 21.6 $\mu mol \cdot m^{-2} \cdot s^{-1}$。灌木种多,标准偏差也最大,达±18.08 $\mu mol \cdot m^{-2} \cdot s^{-1}$,即表示灌木的 LCP 值高低波动最大,其中最高的为夹竹桃(NI)80.44 $\mu mol \cdot m^{-2} \cdot s^{-1}$,最低为八角金盘(FJ)8.91 $\mu mol \cdot m^{-2} \cdot s^{-1}$,分别代表着强阳性和极阴性的两种植物的光补偿点参照范围值。

观察 4 种桥阴乔木的 LCP 值,紫薇(LS)表现为明显的阳性特征,桂花(OF)耐阴次之,石楠(PS)和鸡爪槭(AP)较接近,且都在 20 $\mu mol \cdot m^{-2} \cdot s^{-1}$ 以下,耐阴性较强。

灌木是高架桥下绿化运用的主要对象,其物种较多样,但对光环境的需求也有差异,从测试结果也可以看出灌木对光环境有较宽的适应范围。从测试的 18 种桥阴灌木来看,低于 15 $\mu mol \cdot m^{-2} \cdot s^{-1}$ 的有八角金盘(FJ)、熊掌木(FL)、小叶栀子(GS)、海桐(PB)、红叶石楠(PC)、洒金桃叶珊瑚(AJ)6 种,其中又属八角金盘(FJ)最低,属于极耐阴。超过 30 $\mu mol \cdot m^{-2} \cdot s^{-1}$ 的有法国冬青(VO)、夹竹桃(NI)、茶梅(CS)、大叶黄杨(EJ)、狭叶十大功劳(MC)共 5 种,尤其以夹竹桃(NI)为最高,表明这几种植物不宜栽于桥中过于荫蔽处,最好栽植在桥下两侧且有阳光直接照射到的位置。其余 7 种测试桥阴灌木的 LCP 值处于 16～30 $\mu mol \cdot m^{-2} \cdot s^{-1}$ 之间,说明它们有一定的耐阴性,且植物对光强的利用能力主要由其遗传特性决定(胡文海,2010)。

两种测试草本都表现为高的 LCP 值,金边阔叶麦冬(LP)比红花酢浆草(OC)稍低,在桥下的应用中也主要是栽种在桥边,实践观测,东西走向的卓刀泉高架下南边的金边阔叶麦冬(LP)以及红花酢浆草(OC)明显比北边的长势旺盛,同时栽种的同种植物,南面正常开花、结实,北面的已经衰败死亡。

5 种藤本植物均为三环线东高架下的实验地中栽种,从测试结果来看,均表现为较低的 LCP 值,尤其是常春藤只有 12.21 $\mu mol \cdot m^{-2} \cdot s^{-1}$,显示出良好的利用低弱光的能力。这是武汉市高架桥下具有很大应用潜力的桥阴垂直绿化植物。其中爬山虎 LCP 值稍高,可以利用在立柱下部、桥体两侧作为垂直绿化材料。

### 4.3.3.2　表观量子效率($\phi$)

量子效率,是指光合作用机构每吸收 1 摩尔光量子后光合释放的 $O_2$ 摩尔数或同化的 $CO_2$ 的摩尔数(许大全,1988)。量子效率反映了植物在不同光照条件下对光能的利用效率情况。但通常因为其测定光量子的技术不容易具备,植物光合特性研究中常用表观量子效率($\phi$)来代替,即用植物叶片在光照下的放氧速度或 $CO_2$ 同化速度与入射到叶片表面的光量子通量密度的比值来表示,即 Pn 与 PPFD 的比值,而净光合速率对光量子通量密度(PPFD)的响应通常在低光强(PPFD$<$200 $\mu mol \cdot m^{-2} \cdot s^{-1}$)下变化最敏感,随着 PPFD 的增强 Pn 快速上升,但到达一定的 PPFD 强度后 Pn 上升缓慢,达到最大值后保持不变,即出现光饱和点(LSP),故通常把低光合有效辐射下($<$200 $\mu mol \cdot m^{-2} \cdot s^{-1}$)的光-光响应曲线(Pn-PPFD)模拟其直线方程,斜率即为表观量子效率。

本书研究的 29 种桥阴植物表观量子效率及其相关直线回归方程具体见"附图 8:武汉市 29 种桥阴绿化植物表观量子效率图谱"。从其中可以分别得到乔、灌、草、藤 4 类植物的平均表观量子效率分别为 0.0279、0.0275、0.0229、0.0268,其中乔木最大,草本最低,但该结果与余叔文的研究结果即自然条件下叶片光合表观量子效率的值通常为 0.02~0.05 比较一致。最低值为常春藤(HN)的 0.0168,最高值为金丝桃(HW)的 0.0472,表现为其利用低光能的效率差异。

乔木中表观量子效率最高的是鸡爪槭(AP),但其 LCP 最低,最高 $\phi$ 是紫薇(LS),但其 LCP 为 0.0288 接近中间值,由此可见乔木的表观量子效率 $\phi$ 与光补偿点 LCP 之间并无一定的正负相关关系,此结论与王雁(1996)、Bjorkman 等人一致。

灌木中最高表观量子效率为金丝桃(HW),其 LCP 仅为 28.47 $\mu$mol · $m^{-2}$ · $s^{-1}$,最低 $\phi$ 值的是小叶栀子(GS),仅为 0.0172,其对应的 LCP 值也很低,对比 LCP 在 15 $\mu$mol · $m^{-2}$ · $s^{-1}$ 以下的 6 个强耐阴种以及 LCP 值在 30 以上的 5 种不耐阴种平均值,两者分别为 0.0261 和 0.0266,程度相近。

藤本中具有最高表观量子效率的扶芳藤(EF)并不具备该组中最高或最低的 LCP 值,但本组中最低 $\phi$ 值的常春藤(HN)是本组中 LCP 最低的种,具有最高 LCP 的爬山虎(PT)其表观量子效率处于中间水平,这可能与藤本植物既能接受全光照,又能具备在林下匍匐生长的特性有关联,但同样可以得知灌木、藤本表观量子效率与其 LCP 的关联性不紧密。

草本测试种数量少,但两者中具备较高 LCP 值的红花酢浆草(OC)具备较高的 $\phi$ 值,显现出正相关的特征。

### 4.3.3.3 光饱和点(LSP)

光饱和点(LSP)是除了光补偿点(LCP)、表观量子效率($\phi$)之外另一个反映植物 Pn-PPFD 曲线及其植物耐阴能力的重要指标,达到光饱和点则表明植物已经进入了最大光合阶段。光饱和点反映了植物利用强光的能力,值越高说明植物在受到强光时越不易发生光抑制,植物耐阳性越强。有研究表明,通常耐阴植物具有较阳性植物更低的 LCP 和 LSP。本课题通过非直线双曲线方程回归,结合 SPSS17.0 软件分析,计算出桥阴测试植物的光饱和点值进行统一分析和比较。

结合表 4.3 以及"附图 7:武汉市 29 种桥阴绿化植物 Pn-PPFD 曲线图谱"可知本研究中,乔木平均 LSP 为 794.82 $\mu$mol · $m^{-2}$ · $s^{-1}$,比灌木的平均值 686.6 $\mu$mol · $m^{-2}$ · $s^{-1}$ 高出 15.8%,草本平均为 730.1 $\mu$mol · $m^{-2}$ · $s^{-1}$ 列居第二,藤本植物最低为 413.88 $\mu$mol · $m^{-2}$ · $s^{-1}$,整体较其他 3 类植物有较强的耐阴性。

乔木中石楠(PS)、紫薇(LS)的 LSP 值均近 1000 $\mu$mol · $m^{-2}$ · $s^{-1}$,表现

出对强光的适应能力,桂花(OF)LSP 值仅为石楠(PS)的 55%,相对更耐阴。

灌木中 LSP 值波动比较大,其标准偏差达到±276.51 $\mu$mol·m$^{-2}$·s$^{-1}$,其中超过 800 $\mu$mol·m$^{-2}$·s$^{-1}$ 的种类有法国冬青(VO)、杜鹃(RS)、瓜子黄杨(BS)、夹竹桃(NI)、丝兰(YS)、结香(EC)、大叶黄杨(EJ)、狭叶十大功劳(MC)共 8 种,占总数的 44.4%。在桥阴环境中栽种这几种灌木,需要注意栽种位置的选择,否则会使得它们长期处于光饥渴状态,将影响整体绿化效果。八角金盘(FJ)不愧为园林"下木之王",其 LCP 和 LSP 值都是其中最低,表现出对弱光的良好适应能力。其次 LSP 低于 500 $\mu$mol·m$^{-2}$·s$^{-1}$ 的灌木还有金丝桃(HW)、熊掌木(FL)、茶梅(CS)、洒金桃叶珊瑚(AJ)、棣棠(KJ),这几种植物应避免在东西走向的桥南边、南北走向的桥东、西边缘栽种,以免产生"叶烁"现象,影响景观。

两种草本都具有较高的 LSP 和 LCP 值,适合栽种在近桥边位置。藤本植物整体 LSP 都低于 500 $\mu$mol·m$^{-2}$·s$^{-1}$,适合在有遮阴的桥阴环境中绿化应用,只是结合其不同的 LCP 值,有相应的水平和竖向位置不同。藤本植物的良好运用对营建桥阴下立体绿化、立柱绿化有很好的帮助,特别是扶芳藤(EF)、爬山虎(PT)的光饱和点值都低于 400 $\mu$mol·m$^{-2}$·s$^{-1}$,在桥阴下可以有良好的应用空间。

### 4.3.3.4 最大净光合速率($A_{max}$)

通过对植物叶片的 Pn-PPFD 相应曲线的解读,可以得到植物的最大净光合速率($A_{max}$)值,文献研究(I. O. 采列尼克尔,1986)表明,通常阴性植物、耐阴植物较阳性植物有较低的最大净光合速率。

测试的桥阴植物平均 $A_{max}$ 中,乔木为 8.75 $\mu$mol·m$^{-2}$·s$^{-1}$,灌木为 9.36 $\mu$mol·m$^{-2}$·s$^{-1}$,草本为 9.38 $\mu$mol·m$^{-2}$·s$^{-1}$,藤本为 8.41 $\mu$mol·m$^{-2}$·s$^{-1}$,藤本植物为最低,草本和藤本居中,灌木最高,可以反映出灌木适应光环境的范围比较大,在桥阴环境中仍能够保持较高的 $A_{max}$。藤本利用弱光的能力比较强。

诚然,同种类植物的不同个体、同一个体的不同发育阶段和处于不同位置的光合器官及不同生境下生长的个体,其光合补偿点、光合饱和点等光合生理特征会有很大的差异。最大净光合速率还受其他许多因素的影响,如

$CO_2$浓度、湿度、温度、土壤水分和碳代谢途径等，而且自然条件下植物的净光合速率日变化并不总是与光照度的日变化相一致。因此上述 4 个指标的研究仅作为一个植物耐阴性一个方面的参照研究，基于作者的知识结构局限和本课题研究的侧重点，仅从植物叶片光合特性中对外界自然光的强度进行考虑，不足之处有待今后和植物生理生态学科相关研究人员进行深入的合作科研。

# 4.4　结果与分析

## 4.4.1　样本地的植物耐阴性排序

根据上述对桥阴植物叶片的 Pn-PPFD 曲线主要光合特性的分析（LCP、$\phi$、LSP、$A_{max}$），可以初步得知桥阴植物不同种类之间对光环境的需求有差别，显示出其生物遗传性的特征，同时与生长环境有一定的关系。

这里尝试根据各种植物的 LCP 和 LSP 的高低，对桥阴测试植物进行耐阴等级的排序。

### 4.4.1.1　根据光补偿点(LCP)排序

初步按 LCP 指标从低至高，进行耐阴性的排序，其结果为：①乔木类：鸡爪槭（AP，15.86）＞石楠（PS，16.49）＞桂花（OF，21.67）＞紫薇（LS，46.34）；②灌木类：八角金盘（FJ，8.91）＞洒金桃叶珊瑚（AJ，11.02）＞小叶栀子（GS，13.98）＞红叶石楠（PC，14.05）＞海桐（PB，14.22）＞熊掌木（FL，14.68）＞棣棠（KJ，16.08）＞瓜子黄杨（BS，16.39）＞南天竹（ND，17.68）＞结香（EC，19.31）＞丝兰（YS，20.72）＞杜鹃（RS，22.97）＞金丝桃（HW，28.47）＞法国冬青（VO，30.97）＞大叶黄杨（EJ，37.72）＞狭叶十大功劳（MC，41.29）＞茶梅（CS，53.34）＞夹竹桃（NI，80.44）；③草本类为金边阔叶麦冬（LP，45.06）＞红花酢浆草（OC，59.85）；④藤本类为常春藤（HN，12.21）＞花叶络石（TJ，18.44）＞扶芳藤（EF，19.52）＞凌霄（CG，21.43）＞爬山虎（PT，36.41）。

根据 LCP 的结果,通过对 29 种桥阴植物的 Pn-PPFD 曲线的分析,利用 SPSS17.0"分析"—"分类"—"K 均值聚类"方法对这些植物 LCP 的分布进行 4 个等级的聚类分析,得到表 4-5 的结果。

表 4-5 依据 LCP 聚类

| 聚类 | 均值/$\mu$mol ·m$^{-2}$·s$^{-1}$ | 聚类标准/$\mu$mol ·m$^{-2}$·s$^{-1}$ | 案例数 | 植 物 种 名 |
|---|---|---|---|---|
| 1 | 16.26 | <22 | 18 | 桂花(OF)、石楠(PS)、鸡爪槭(AP)、八角金盘(FJ)、熊掌木(FL)、小叶栀子(GS)、海桐(PB)、瓜子黄杨(BS)、丝兰(YS)、红叶石楠(PC)、南天竹(ND)、洒金桃叶珊瑚(AJ)、结香(EC)、棣棠(KJ)、扶芳藤(EF)、凌霄(CG)、常春藤(HN)、花叶络石(TJ) |
| 2 | 36.28 | 22~50 | 8 | 紫薇(LS)、法国冬青(VO)、杜鹃(RS)、金丝桃(HW)、大叶黄杨(EJ)、狭叶十大功劳(MC)、金边阔叶麦冬(LP)、爬山虎(PT) |
| 3 | 56.60 | 50~80 | 2 | 茶梅(CS)、红花酢浆草(OC) |
| 4 | 80.44 | >80 | 1 | 夹竹桃(NI) |
| 合计 | | | 29 | |

## 4.4.1.2 根据光饱和点(LSP)排序

排序指标为 LSP 值,其值越低,代表耐阴性越强,其结果为:①乔木类:桂花(OF,540.33)>鸡爪槭(AP,710.4)>紫薇(LS,951.2)>石楠(PS,977.33);②灌木类:八角金盘(FJ,266.21)>熊掌木(FL,319.2)>茶梅(CS,353.68)>棣棠(KJ,416.78)>洒金桃叶珊瑚(AJ,484.59)>金丝桃(HW,492.75)>南天竹(ND,508.91)>海桐(PB,584.56)>小叶栀子(GS,659.56)>红叶石楠(PC,742.45)>法国冬青(VO,807.4)>结香(EC,837.22)>夹竹桃(NI,855.63)>大叶黄杨(EJ,893.95)>瓜子黄杨(BS,932.8)>狭叶十大功劳(MC,981.07)>杜鹃(RS,1107.86)>丝兰(YS,1114.7);③草本类为金边阔叶麦冬(LP,673.6)>红花酢浆草(OC,786.6);

④藤本类为扶芳藤(EF,300.8)＞爬山虎(PT,343.59)＞凌霄(CG,432.15)＞花叶络石(TJ,493.54)＞常春藤(HN,499.3)。

参照植物 LSP 值情况,同样依据聚类分析将 29 种测试植物分为 4 类,得到表 4-6 的结果。

表 4-6　依据 LSP 聚类

| 聚类 | 聚类均值/$\mu mol \cdot m^{-2} \cdot s^{-1}$ | 聚类标准/$\mu mol \cdot m^{-2} \cdot s^{-1}$ | 案例数 | 植 物 种 名 |
|---|---|---|---|---|
| 1 | 316.70 | ＜400 | 5 | 八角金盘(FJ)、熊掌木(FL)、茶梅(CS)、扶芳藤(EF)、爬山虎(PT) |
| 2 | 526.01 | 400～700 | 11 | 桂花(OF)、金丝桃(HW)、小叶栀子(GS)、海桐(PB)、南天竹(ND)、洒金桃叶珊瑚(AJ)、棣棠(KJ)、金边阔叶麦冬(LP)、凌霄(CG)、常春藤(HN)、花叶络石(TJ) |
| 3 | 835.23 | 700～950 | 9 | 鸡爪槭(AP)、紫薇(LS)、法国冬青(VO)、瓜子黄杨(BS)、夹竹桃(NI)、红叶石楠(PC)、结香(EC)、大叶黄杨(EJ)、红花酢浆草(OC) |
| 4 | 1045.24 | ＞950 | 4 | 石楠(PS)、杜鹃(RS)、丝兰(YS)、狭叶十大功劳(MC) |
| 合计 | | | 29 | |

不同光强下的净光合速率以及对不同光强的反应可以作为鉴定耐阴植物的生理指标。最大净光合速率以及表观量子效率这两个指标联合可以反映与植物的耐阴性关系。一般认为拥有较低的光补偿点、较高的光饱和点和较大的表观量子效率的植物通常是较耐阴的阴性植物,但植物耐阴性是植物形态、生理、光合等方面的综合反映,不同植物的耐阴性能不同。植物耐阴性的评价,应该用尽可能多的指标来综合评价。这里仅从其中的光响应曲线体现的 4 个主要相关指标进行分析植物的耐阴性,还存在许多的不足,有待今后研究的完善。

## 4.4.2 样本地的植物光能利用类型

通过 LCP、LSP、φ 三个因子的综合聚类,结果与 LSP 聚类结果相同,根据高架桥下上述植物生长期间平均 PAR 的分析,最高值很少超过 700 $\mu$mol · m$^{-2}$ · s$^{-1}$ 即 5.48 MJ/(m$^2$ · d),而桥下除开少量地方光强低于桥阴植物补偿点外,其余都在其上,则综合上述分析,本研究将桥阴植物分为 3 个大类,6 个小类,即有表 4-7 的结果。

表 4-7 桥阴植物耐阴性综合分类

| 大类 | 划分标准 LSP /$\mu$mol · m$^{-2}$ · s$^{-1}$ | 小类 | 划分标准 LCP /$\mu$mol · m$^{-2}$ · s$^{-1}$ | 案例数 | 植物种名 |
|---|---|---|---|---|---|
| I | <400 | A | <22 | 3 | 八角金盘(FJ)、熊掌木(FL)、扶芳藤(EF) |
| | | B | ≥22 | 2 | 茶梅(CS)、爬山虎(PT) |
| II | 400~700 | A | <22 | 9 | 桂花(OF)、小叶栀子(GS)、海桐(PB)、南天竹(ND)、洒金桃叶珊瑚(AJ)、棣棠(KJ)、凌霄(CG)、常春藤(HN)、花叶络石(TJ) |
| | | B | ≥22 | 2 | 金丝桃(HW)、金边阔叶麦冬(LP) |
| III | >700 | A | <22 | 3 | 鸡爪槭(AP)、红叶石楠(PC)、结香(EC) |
| | | B | ≥22 | 10 | 紫薇(LS)、法国冬青(VO)、杜鹃(RS)、狭叶十大功劳(MC)瓜子黄杨(BS)、夹竹桃(NI)、石楠(PS)、丝兰(YS)大叶黄杨(EJ)、红花酢浆草(OC) |
| 合计 | | | | 29 | |

Ⅰ类:具有低 LSP($<400\ \mu\mathrm{mol}\cdot\mathrm{m}^{-2}\cdot\mathrm{s}^{-1}$)的植物。根据其光补偿点 LCP 高低又可以分为两小类即Ⅰ-A 类(LCP$<22\ \mu\mathrm{mol}\cdot\mathrm{m}^{-2}\cdot\mathrm{s}^{-1}$)和Ⅰ-B 类(LCP$\geqslant22\ \mu\mathrm{mol}\cdot\mathrm{m}^{-2}\cdot\mathrm{s}^{-1}$)植物。Ⅰ-A 类是典型耐阴或阴性植物,能够充分利用弱光,非常适合于在桥阴弱光环境下栽培,这类植物不宜布置在桥边有强阳光曝晒处。Ⅰ-B 类植物光饱和点较低,能适应桥阴环境,但 LCP 较Ⅰ-A 稍高,故布置位置比Ⅰ-A 靠桥外栽种较好。

Ⅱ类:具有较中间的 LSP($400\sim700\ \mu\mathrm{mol}\cdot\mathrm{m}^{-2}\cdot\mathrm{s}^{-1}$)的植物。根据其 LCP 值是否大于 $22\ \mu\mathrm{mol}\cdot\mathrm{m}^{-2}\cdot\mathrm{s}^{-1}$可以分为Ⅱ-A 类(LCP$<22\ \mu\mathrm{mol}\cdot\mathrm{m}^{-2}\cdot\mathrm{s}^{-1}$)和Ⅱ-B 类(LCP$\geqslant22\ \mu\mathrm{mol}\cdot\mathrm{m}^{-2}\cdot\mathrm{s}^{-1}$)两种。这类植物适合有一定遮阴的环境生存,是高架桥下丰富植物种类的主要候选对象,但在布置时需要保证其 LCP 的有效范围,一般在桥下高净空处、近桥边处可以很好的应用。Ⅱ-B 类植物应比Ⅱ-A 类更靠近桥边种植。

Ⅲ类:具有高 LSP($>700\ \mu\mathrm{mol}\cdot\mathrm{m}^{-2}\cdot\mathrm{s}^{-1}$)的植物。根据其 LCP 可以分为两小类,即Ⅲ-A 类(LCP$<22\ \mu\mathrm{mol}\cdot\mathrm{m}^{-2}\cdot\mathrm{s}^{-1}$)、Ⅲ-B 类(LCP$\geqslant22\ \mu\mathrm{mol}\cdot\mathrm{m}^{-2}\cdot\mathrm{s}^{-1}$)。本类植物对 PAR 有较宽泛的利用范围,对生境的光照条件要求不高,根据不同植物 LCP 的具体大小再适当布置其相应位置。为了保证其较好的生长状态,Ⅲ-A 类在桥阴绿地配置中,更适宜配置在桥边两侧有阳光直接照射,稍靠里的位置。Ⅲ-B 这类植物为典型的喜阳性植物,对光能利用效率较高,适合全光照下应用,桥阴下除开特殊的有强光地段,一般较慎重在桥阴下应用。

## 4.4.3 武汉市桥阴绿地的植物种类推荐

本书结合实践考察、文献研究、网站查询、桥阴下试种观测、实验测试,仅从植物对光需求强度方面,即是否能耐阴生长特征方面尝试提出适合武汉市高架桥下不同光环境绿地空间种植的适生植物推荐名录,并对桥下光环境及植物光合作用相关生境改善提出建议,为更好地适合桥下光环境的绿化景观营建筛选相应的植物材料提供参考依据(见表 4-8)。

表 4-8　武汉市高架桥下推荐绿化植物名录及基本特性一览表

| 类别 | 耐阴等级 | 种类 | 已用种名(＊含试种成活) | | 推荐扩充种名❶ | | |
| --- | --- | --- | --- | --- | --- | --- | --- |
| | | | 名称 | 基本特性 | 种类 | 名称 | 基本特性 |
| 乔木 | Ⅱ类 | 3 | 桂花（OF） | 常绿灌木或小乔木。喜温暖湿润,耐高温不耐寒,对 $Cl_2$、$SO_2$ 有较强抗性,中度耐阴。秋季香花植物 | 5 | 三角枫（*Acer buergerianum*） | 落叶乔木。弱阳性,稍耐阴;喜温暖湿润气候及酸性、中性土壤。秋季树叶变红 |
| 乔木 | Ⅱ类 | 3 | 鸡爪槭（AP） | 落叶小乔木。喜疏阴环境,夏日忌曝晒;抗寒、抗旱性强。秋色叶树 | 5 | 山杜英（*Elaeocarpus sylvestris*） | 常绿乔木,稍耐阴,喜温暖湿润气候,不耐寒,耐修剪;抗 $SO_2$ 强 |
| | | | 石楠（PS） | 常绿乔木。喜温暖湿润,喜光也耐阴,对土壤要求不高,萌芽力强,耐修剪,对烟尘和有毒气体有一定抗性 | | 女贞（*Ligustrum lucidum*） | 常绿灌木或小乔木。耐寒、耐水湿,喜温暖湿润气候,喜光耐阴。对 Hg 气敏感,能吸收毒性很大的 HF,$Cl_2$、$SO_2$ 等 |
| | Ⅲ类 | 1 | 紫薇（LS） | 落叶灌木或小乔木,耐旱、怕涝,喜温暖潮润,喜光,喜肥;抗 $SO_2$、HF 及 $N_2$ 性强,能吸入有害气体。夏季观花 | | 腊梅（*Chimonanthus praecor*） | 落叶丛生灌木。冬季观花。喜阳,能耐阴、耐寒、耐旱,忌渍水 |
| | | | | | | 厚皮香（*Ternstroemia gymnanthera*） | 常绿或落叶乔木,喜阴湿环境,较耐寒 |

❶　推荐扩充种主要为文献中适合华中地区有一定耐阴能力的植物种,仅做大类推荐,不细分,具体耐阴特性有待今后科研工作者进行深入的实验实证研究。

续表

| 类别 | 耐阴等级 | 种类 | 已用种名（＊含试种成活） | | 推荐扩充种名 | | |
| --- | --- | --- | --- | --- | --- | --- | --- |
| | | | 名称 | 基本特性 | 种类 | 名称 | 基本特性 |
| 灌木 | I类 | 6 | 八角金盘（FJ） | 常绿灌木。叶大，掌状，优良的观叶植物。喜阴湿温暖气候，不耐旱和严寒，抗SO₂性较强 | 28 | 阔叶十大功劳（Machonia bealei） | 常绿灌木，观赏效果好。耐阴，喜暖温气候，不耐寒。对土壤要求不高 |
| | | | 熊掌木（FL） | 常绿性藤蔓植物，高1 m以上。阳光直射时叶片会黄化，具强耐阴能力 | | 八仙花（Hydrangea macrophylla） | 落叶花灌木。高1～4 m，喜温湿和半阴环境，60%～70%遮阴最为理想。短日照植物 |
| | | | 洒金桃叶珊瑚（AJ） | 常绿灌木，喜湿润、排水良好、肥沃土壤。极耐阴，夏季怕曝晒。不耐寒。观叶树种。对烟尘和大气污染抗性强 | | 雀舌黄杨（Buxus bodinieri） | 常绿小乔木或灌木，成丛。喜温湿和阳光充足的环境，耐干旱和半阴。耐修剪，较耐寒，抗污染。景观效果好 |
| | | | 小叶栀子（GS） | 常绿灌木。香花植物。喜温湿和光照充足、通风良好的环境，忌强光曝晒。宜用疏松肥沃、排水良好的酸性土壤种植 | | 木槿（Hibiscus syriacus） | 落叶灌木，高3～4 m。适应性强，喜阳光也能耐半阴。耐寒，较耐瘠薄，耐修剪。抗烟尘，抗HF。观花、绿化效果好 |

| 类别 | 耐阴等级 | 种类 | 已用种名（＊含试种成活） | | 种类 | 推荐扩充种名 | |
|---|---|---|---|---|---|---|---|
| | | | 名称 | 基本特性 | | 名称 | 基本特性 |
| 灌木 | I类 | 6 | 海桐（PB） | 常绿灌木或小乔木，高 3 m。耐寒耐暑热。对光照适应能力较强，半阴地生长最佳。可作绿篱或孤植。抗海潮及毒气 | 28 | 山茶（Camellia japonica） | 常绿灌木和小乔木。观花。喜半阴、忌烈日，喜温湿气候，忌干燥，喜肥松的微酸性土壤 |
| | | | 红叶石楠（PC） | 常绿灌木或小乔木，叶革质，春季新叶红艳，夏绿，秋、冬红色。适应性强，耐低温、耐旱、耐瘠薄、较耐盐碱性。喜强光照，也能耐阴，在直射光照下，色彩更鲜艳 | | 瑞香（Daphne odora） | 常绿小灌木，3—5 月开花，浓香。丛生，性喜阴，忌阳光曝晒，喜肥湿的微酸性壤土。耐修剪，病虫害少 |
| 灌木 | II类 | 11 | 金丝桃（HW） | 半常绿灌木。喜温湿气候，喜光，略耐阴，耐寒，对土壤要求不高。花期 5—6 月，金黄色，观花灌木 | 28 | 胡颓子（Elaeagnus pungens） | 常绿灌木，高 4 m，有刺。耐阴力较强，耐干旱、瘠薄，不耐水涝。花期 9—11 月，果实美艳 |
| | | | 南天竹（ND） | 小檗科常绿灌木。钙质土壤指示植物。喜温湿及通风良好的半阴环境。较耐寒 | | 毛白杜鹃（Rhododendron mucronatum） | 半常绿灌木。花白色、芳香，花期 4—5 月。喜半阴温凉气候、酸性土壤，忌碱忌涝，不耐寒 |

续表

| 类别 | 耐阴等级 | 已用种名(＊含试种成活) | | | 推荐扩充种名 | | |
|---|---|---|---|---|---|---|---|
| | | 种类 | 名称 | 基本特性 | 种类 | 名称 | 基本特性 |
| 灌木 | Ⅱ类 | 11 | ＊结香（EC） | 瑞香科结香属，落叶灌木。早春花木。喜半阴，也耐日晒。喜温暖，耐寒性略差。根肉质，忌积水 | 28 | 连翘（Forsythia suspensa） | 木犀科落叶灌木。早春先花后叶，观花灌木。喜光，能弱耐阴；耐寒、耐瘠薄，怕涝；不择土壤；抗病虫害能力强 |
| | | | ＊棣棠（KJ） | 落叶花灌木。土壤要求不高，性喜温暖、半阴之地，较耐寒，花期4—6月，黄色 | | 金缕梅（Hamamelis mollis） | 落叶灌木或小乔木，2月前后先花后叶，花簇生，金黄。喜光，耐半阴，喜温湿气候，土壤要求不高 |
| | | | 杜鹃（RS） | 常绿灌木或小乔木，种类多。喜凉爽、湿润气候，恶酷热干燥。喜腐殖质及酸性土壤。不耐曝晒，夏秋宜遮阴 | | 金边六月雪（Serissa foetida var awreo marginata） | 常绿或半常绿丛生小灌木。喜温湿气候。喜半阴半阳，畏烈日曝晒。喜疏松肥沃、排水良好之中性及微酸性土壤，抗寒力不强 |
| | | | 瓜子黄杨（BS） | 黄杨科常绿灌木或小乔木。观叶类植物，耐阴，喜光，但长期荫蔽环境易导致枝条徒长或变弱。生长慢，耐修剪，抗污染 | | 构骨（Ilex cornuta） | 常绿灌木或小乔木。喜光，稍耐阴；喜温湿气候及排水良好微酸性土壤，耐寒性不强；抗有害气体。生长缓慢；耐修剪 |

续表

| 类别 | 耐阴等级 | 种类 | 已用种名（＊含试种成活） | | 种类 | 推荐扩充种名 | |
|---|---|---|---|---|---|---|---|
| | | | 名称 | 基本特性 | | 名称 | 基本特性 |
| 灌木 | Ⅱ类 | 11 | 丝兰（RS） | 常绿灌木。土壤适应性很强，性喜阳光充足及通风良好的环境，耐寒。花簇状，白色 | 28 | 白鹃梅（Exochorda racemosa） | 落叶灌木。喜光，耐旱，稍耐阴，喜温湿气候，抗寒力强，对土壤要求不高。花期4月 |
| | | | 含笑（MF） | 常绿灌木或小乔木。花香袭人，花期3—4月。喜暖湿，不耐寒。夏季宜半阴环境，忌曝晒。其他时间需阳光充足 | | 山麻杆（Alchornea davidii） | 落叶丛生小灌木，早春嫩叶鲜红。阳性树种，喜光稍耐阴，喜温湿气候，对土壤的要求不高，萌蘖性强，抗旱能力低 |
| | | | 水果蓝（TF） | 香料植物。小枝四棱形，全株被白色绒毛。对环境有超强耐受能力。叶片全年淡蓝灰色，与其他植物形成鲜明对照 | | 卫矛（Euonynus alatus） | 常绿灌木。耐寒，耐阴，耐修剪，生长较慢。嫩叶及霜叶均紫红色。蒴果美观，观赏效果佳 |
| | | | 红花檵木（LC） | 金缕梅科常绿灌木或小乔木，花期4—5月。喜光，稍耐阴，但阴时叶色易变绿。适应性强，耐旱。喜温暖，耐寒冷。耐修剪 | | 雀梅藤（Sageretia thea） | 落叶藤状或直立灌木，喜半阴，喜温湿气候，能耐寒。小枝具刺，互生或近对生，褐色，被短柔毛 |

续表

| 类别 | 耐阴等级 | 已用种名(＊含试种成活) | | | 推荐扩充种名 | | |
|------|----------|------|------|------|------|------|------|
| | | 种类 | 名称 | 基本特性 | 种类 | 名称 | 基本特性 |
| 灌木 | Ⅱ类 | 11 | 龟甲冬青 (IH) | 常绿小灌木。多分枝,小叶密生,叶形小巧,叶色亮绿。观赏价值好。喜光,稍耐阴,喜温湿气候。较耐寒 | 28 | 金银木 (*Lonicera maackii*) | 落叶丛生灌状小乔木。喜光,耐半阴,耐旱,耐寒。喜湿润肥沃及深厚之土壤。管理粗放。果实为鸟类美食 |
| 灌木 | Ⅲ类 | 10 | 法国冬青 (VO) | 常绿灌木或小乔木。能吸有害气体和烟尘,厂区绿化常用。喜温湿润气候。酸性和微酸性土均能适应。喜光亦耐阴。特耐修剪 | 28 | 小蜡 (*Ligustrum sinense*) | 半常绿灌木。叶革质,喜光,稍耐阴;较耐寒,耐修剪。对土壤湿度较敏感,干燥瘠薄地生长发育不良 |
| | | | 茶梅 (CS) ＊ | 常绿灌木,观花效果好。喜光,也稍耐阴,阳光充足处花朵更为繁茂。喜温湿气候,宜长在排水良好、湿润的微酸性土壤 | | 小叶女贞 (*Ligustrum quihoui*) | 落叶或半常绿灌木。喜光,稍耐阴;较耐寒;对$Cl_2$、$SO_2$等毒气有较好的抗性。耐修剪 |
| | | | 夹竹桃 (NI) | 常绿直立大灌木。观花。汁液有毒。喜光,喜温湿气候,不耐寒,忌水渍,能耐空气干燥 | | 大叶栀子 (*Gardenia jasminoides*) | 常绿灌木。香花植物。喜光照,惧强光曝晒。pH值5～6的酸性土壤中生长良好 |

续表

| 类别 | 耐阴等级 | 已用种名(*含试种成活) | | | 推荐扩充种名 | | |
|---|---|---|---|---|---|---|---|
| | | 种类 | 名称 | 基本特性 | 种类 | 名称 | 基本特性 |
| 灌木 | Ⅲ类 | 10 | 大叶黄杨(EJ) | 常绿灌木或小乔木。喜光,亦较耐阴。喜温湿气候,较耐寒。极耐修剪整形 | 28 | 木本绣球(Viburnum macrocephalum) | 落叶或半常绿灌木。观花效果好。喜光,略耐阴。耐寒,耐旱 |
| | | | 狭叶十大功劳(MC) | 常绿小灌木,喜温湿气候,喜光也较耐阴湿,对土壤要求不高。秋冬季观赏效果佳 | | 天目琼花(Viburnum sargentii) | 落叶灌木。喜光又耐阴;耐寒,喜夏凉湿润多雾环境;花期5—6月。观花观果效果好 |
| | | | 大花六道木(AX) | 半落叶到常绿的观赏性花灌木。耐旱、瘠薄;萌蘖力很强盛,可反复修剪 | | 小檗(Berberis thunbergii) | 落叶小灌木。喜光也耐阴,喜温凉湿润环境,耐寒,也较耐旱瘠薄,忌水涝。观花观果效果好 |
| | | | 金边黄杨(EJ) | 常绿灌木或小乔木,中性,喜温湿气候。观叶为主 | | 金钟花(Forsythia viridissima) | 落叶灌木。喜光,略耐阴。喜温湿环境,较耐寒。适应性强,耐干旱,较耐湿。萌蘖力强 |
| | | | 千头柏(PO) | 常绿灌木。适应性强,需排水良好。喜光,过度遮阴易使植株枝叶稀疏,不利于造型 | | 蜡瓣花(Corylopsis chinensis) | 落叶灌木。早春先花后叶。喜阳光,也耐阴,较耐寒,喜温湿、富含腐殖质的酸性或微酸性土壤。萌蘖力强 |

续表

| 类别 | 耐阴等级 | 已用种名（＊含试种成活） | | | 推荐扩充种名 | | |
|---|---|---|---|---|---|---|---|
| | | 种类 | 名称 | 基本特性 | 种类 | 名称 | 基本特性 |
| 灌木 | Ⅲ类 | 10 | 云南黄馨（JH） | 常绿半蔓性灌木。3—4月开花,喜光稍耐阴,喜温湿气候 | 28 | 蔷薇（Rosa multiflora） | 落叶灌木。茎细长,蔓生。春季观花效果好。适应性广 |
| | | | 铺地柏（SP） | 常绿匍匐小灌木。喜光,稍耐阴,适生于滨海湿润气候;耐寒力、萌生力均较强。阳性树。喜石灰质的肥沃土壤 | | 四照花（Dendrobenthamia japonica） | 落叶灌木或小乔木。性喜光,亦耐半阴,喜温暖气候和阴湿环境。初夏开花,良好的观花植物 |
| | | | | | | 黄荆（Vitex negundo） | 落叶灌木或小乔木。枝叶有香气,生于向阳坡地 |
| 草本 | Ⅱ类 | 2 | 细叶麦冬（LM） | 多年生草本。喜半阴,湿润而通风良好的环境,耐寒性强 | 3 | 红花酢浆草（OC） | 多年生草本。自春至秋开花,粉红,耐寒性不强、但耐热、耐阴 |
| | | | 沿阶草（OB） | 多年生草本。长势强健,耐阴性强;植株低矮,根系发达,覆盖效果较快 | Ⅲ类 | 金边阔叶麦冬（LP） | 常绿或落叶多年生草本。在潮湿、排水良好、全光或半阴的条件下生长良好。观赏性强 |
| | | | | | | 马尼拉草（ZM） | 暖季型草坪草系列。耐践踏,耐修剪,耐寒,耐旱 |

续表

| 类别 | 耐阴等级 | 已用种名(＊含试种成活) | | | 推荐扩充种名 | | |
|---|---|---|---|---|---|---|---|
| | | 种类 | 名称 | 基本特性 | 种类 | 名称 | 基本特性 |
| 草本 | 推荐种 | | 单花鸢尾(*Iri suniflora*) | 多年生矮小草本。花期5—6月。喜阴，湿润环境 | 共18种推荐 | 草地早熟禾(*Poa pratensis*) | 多年生草本植物。适宜气候冷凉，湿度较大的地区生长。耐旱性稍差，耐践踏。喜光耐阴。夏季停止生长 |
| | | | 石蒜(*Lycoris radiata*) | 多年生草本。喜阴森潮湿地。耐寒性强。先花后叶。观赏效果好 | | 匍匐剪股颖(*Agrostis palustris*) | 多年生草本。喜冷凉湿润气候，耐阴性强。耐寒、耐热、耐瘠薄、较耐践踏、耐低修剪 |
| | | | 葱兰(*Zephyranthes candida*) | 多年生常绿球根草花。喜阳光充足，耐半阴和低湿；宜肥沃、带有黏性而排水好的土壤 | | 万年青(*Rohdea japonica*) | 多年生常绿草本。叶自根状茎丛生，质厚；喜半阴、温暖、湿润、通风良好的环境；不耐旱，稍耐寒；忌阳光直射、忌积水 |
| | | | 玉簪(HP) | 多年生草本。耐寒，喜阴湿环境，不耐强光照射。要求土层深厚，排水良好且肥沃的砂质壤土 | | 野菊花(*Dendranthema indicum*) | 多年生草本。花期9—11月，可入药。适应性强 |
| | | | 萱草(*Hemerocallis fulva*) | 多年生宿根草本花卉。花鲜艳。耐寒，适应性强，喜湿润也耐旱；喜光又耐半阴 | | 紫茉莉(*Mirabilis jalapa*) | 多年生草本花卉。花香。各种颜色。性喜温和而湿润的气候，不耐寒，在略有蔽阴处生长更佳 |

续表

| 类别 | 耐阴等级 | 已用种名（＊含试种成活） | | | 推荐扩充种名 | | |
|---|---|---|---|---|---|---|---|
| | | 种类 | 名称 | 基本特性 | 种类 | 名称 | 基本特性 |
| 草本 | 推荐种 | | 红花韭兰（Zephyranthes grandiflora） | 多年生草本。喜光，耐半阴。喜温暖环境，但也较耐寒。要求土层深厚、地势平坦、排水良好的壤土或沙壤土。怕水淹 | 共18种推荐 | 白芨（Bletilla striata） | 多年生草本。高15～70 cm，花4—5月，生林下阴湿处或山坡草丛中。可入药 |
| | | | 石菖蒲（Acorus gramineus） | 禾草状的多年生草本。根茎具气味。喜阴湿环境，不耐阳光曝晒，不耐干旱，稍耐寒 | | 紫叶酢浆草（Oxalis corymbosa） | 多年生宿根草本。叶丛生，大而紫色。对光敏感，花朵仅晴天开放。喜湿润、半阴且通风良好的环境，也耐干旱 |
| | | | 吉祥草（Reineckia carnea） | 多年生常绿草本。喜温湿环境，较耐寒耐阴，对土壤的要求不高，适应性强 | | 美丽月苋草（Oenothera biennis） | 多年生低矮草本。非常耐旱，适应范围广。花期4—10月份，花粉红，效果好。自播能力强。喜光，耐寒，忌积水 |
| | | | 金边过路黄（Lysimachia christinae） | 报春花科、珍珠菜属，常绿宿根彩叶草本植物。株高约10cm，枝条匍匐生长，叶色金黄艳丽。耐低温，抗逆性强，稍耐阴 | | 蛇莓（Duchesnea indica） | 多年生草本。茎细长，匍状，节节生根。花、果、叶均有较好的观赏性。适应性强，较耐阴 |

续表

| 类别 | 耐阴等级 | 已用种名(＊含试种成活) | | | 推荐扩充种名 | | |
|---|---|---|---|---|---|---|---|
| | | 种类 | 名称 | 基本特性 | 种类 | 名称 | 基本特性 |
| 藤本 | Ⅱ类 | 4 | ＊扶芳藤（EF） | 常绿或半常绿灌木。匍匐或攀援。喜湿润，温暖，较耐寒，耐阴，不喜阳光直射 | 5 | 五叶地锦（*Patthenocissus quinquefolia*） | 落叶木质藤本。具分枝卷须，叶掌状；耐寒耐旱，喜阴湿环境。对土壤要求不高，适应性广泛 |
| | | | ＊凌霄（CG） | 落叶藤本。长10余米。性喜阳、温湿环境，稍耐阴。喜排水良好土壤，较耐水湿、并有一定的耐盐碱能力 | | 地锦（*Parthenocissus tricuspidata*） | 落叶木质攀援大藤本。枝条粗壮；卷须短。喜阴湿环境，不怕强光辐射，耐寒、耐旱、耐贫瘠，耐修剪，对土壤要求不高,怕积水 |
| | | | ＊常春藤（HN） | 常绿吸附藤本。极耐阴，也能在光照充足之处生长。喜温湿环境；稍耐寒；喜肥沃疏松的土壤 | | 金银花（*Lonicera japonica*） | 多年生半常绿缠绕木质藤本植物。香花植物。喜阳光和温湿环境，生活力强,适应性广,耐寒,耐旱 |
| | | | ＊花叶络石（TJ） | 常绿木质藤蔓植物。喜光、强耐阴植物,喜空气湿度较大的环境 | | 葛藤（*Pueraria lobata*） | 多年生半木本豆科藤蔓植物。茎长10余米,常铺于地面或缠于它物而向上生长。喜温湿气候,喜光 |

续表

| 类别 | 耐阴等级 | 已用种名(＊含试种成活) | | | 推荐扩充种名 | | |
|------|---------|------|------|------|------|------|------|
| | | 种类 | 名称 | 基本特性 | 种类 | 名称 | 基本特性 |
| 藤本 | Ⅲ | 2 | 南蛇藤 (*Celastrus orbiculatus*) | 卫矛科落叶藤本。观赏价值高。喜阳也耐阴,分布广,抗寒耐旱,对土壤要求不高 | 5 | ＊爬山虎 (PT) | 多年生大型落叶木质藤本植物。适应性强,性喜阴湿环境,不怕强光,耐寒,耐旱,耐贫瘠,气候适应性广泛;阴湿、肥沃的土壤中生长最佳。抗 $SO_2$ 等有害气体 |
| | | | 胶东卫矛 (*Euonymus kiautshovicus*) | 卫矛属直立或蔓性半常绿灌木。常作绿篱和地被。耐阴,喜温暖,稍耐寒 | | | |
| 总计 | | 42 | | | 56 | 共计 98 种 | |

同时,考虑到高架桥所在的环境,还可以在此基础上扩充部分农业种植物,尤其像武汉市三环线高架,其所在位置处于城郊结合带,桥体周围两边 20 m 的范围内目前均划为道路绿地,可以结合原来的城郊农业种植,建设呈带状的都市农业景观,在其下可以种植一些耐阴性强的农作物,如大豆(*Glycine max*)、辣椒(*Capsicum annuum*)、豇豆(*Vigna unguiculata*)、落花生(*Arachis hypogaea*)、襄荷(*Zingber mioga*)等,开辟不同的桥阴植物景观。

# 4.5 本章小结

必须承认,光环境只是影响高架桥下绿化质量的一个因子,但不是唯一的限制因子。植物的耐阴性具有相对性,而且植物的光合作用还受光照以外的水分、纬度、气候、年龄、土壤、遗传、$CO_2$ 浓度等其他因素的综合影响,如温度、湿度的变化又可影响到呼吸作用和蒸腾作用的强度,并影响到光补偿点和光饱和点的数值,这恰好说明了植物自身具有一个主动调节内部生理特性以尽可能适应环境的机制。因此判断植物的耐阴性需要综合考虑到各方面的影响因素。

城市高架桥下的桥阴绿化植物正常生长还受制于人工灌溉的水分供应情况、土壤贫瘠的立地条件、两边道路的汽车尾气和扬尘、粉尘污染等产生的综合影响。在目前还不能对桥阴环境彻底改善的情况下,桥阴植物的选择不仅须充分考虑植物的耐阴性,还应当注意植物对尾气和粉尘的抗性,同时还需要兼顾耐旱性强的植物应用。如果加强桥下绿化的土壤改良,尤其是保证桥下绿化的良好浇灌、养护管理,则桥下绿化植物因光照不足影响的光合作用可以得到有效的弥补,植物生长势必会有所提高。

总之,城市高架桥下的桥阴绿地绿化是一个综合性的研究课题,需要不断深入的跟踪研究,本章基于研究的主要目标和作者的知识结构局限性,仅从光强与植物耐阴性进行了单因素的匹配研究,旨在初步探讨其研究方法,不足之处有待笔者今后的相关课题更多地深入研究,也期待今后有更多学者关注本书相关研究,为城市高架桥桥阴绿地植物的合理选择和科学应用作出贡献。

# 第五章 桥阴绿地景观营建策略

## 5.1 桥阴适生区与非适生区的界定

　　植物正常生长需要阳光、水分、空气、适宜温度、土壤、营养以及其他生物、微生物因素的共同作用。高架桥下桥阴绿地是一种典型的人工栽植环境,桥阴植物生长的环境因子大都已经受到人为的影响和控制。相比桥阴绿地的水分、土壤及营养条件可以直接受到人为调控,目前国内外甚少关注可以改善高架桥下桥阴植物光环境条件的被动式太阳光增光补光处理,人为改善力度不大。本章即是从适应桥阴光环境的研究角度,在其他环境因子作为统一较理想的背景下,尝试根据桥阴植物是否能正常生存将桥阴空间的光环境区域划分为桥阴适生区与桥阴非适生区两大空间区域范围。

### 5.1.1 桥阴适生区

#### 1) 定义

　　有研究认为一般植物的最适合需光量为全日照的50%~70%,多数在50%以下会生长不良(包满珠,2004)。按谢尼柯夫的标准光照强度,阳性植物是在全光照或强光照下生长的应大于全光照的1/10~1/5,耐阴植物则可忍受全光照1/50以下的弱光,但光照强度接近其光补偿点时,植物不能正常生长(陈敏,2006)。王雪莹(2005)在其研究中发现桥阴光照既低于阴生植物的光补偿点又不满足其5%~20%需光度的位置,将其形象的称为桥阴植物生长"死区",不适宜在这些桥阴位置种植绿化植物。

　　综合上述研究结果以及大量现场调研,现对桥阴适生区做以下界定:桥阴适生区是指在植物有效生长期中,高架桥桥阴下日平均自然光强高于当地常见阴性绿化植物正常生长光补偿点,且达到当地全光照1/50及以上强度的所有空间区域。偏阳植物种植区还需要保证有近20％全日照时数。

2）特征

桥阴适生区、非适生区的划分与当地阴性植物的光补偿点（LCP）形成对应关系，这就意味着桥阴适生区具有典型的地域性特征，同时由于不同阴性植物、同种植物不同个体的 LCP 也有高低差别，适生区划分标准也会有所偏差，但本研究主要以当地常见和主要应用的阴性植物的 LCP 为依据作为研究。有学者对不同物种在城市环境中的耐阴性进行了针对性的探讨，这对本章后面的桥阴植物配置应用有很好的参考价值，如于盈盈等就提出了阳性的大叶黄杨在建筑阴影环境中需要保证2～3小时直射光才能满足其正常生长，Kjelgren 发现街道峡谷遮阴对北美枫香（*Liquidambar styraciflua*）的影响，Takagi 发现铁冬青树（*Ilex rotunda*）光合速率与光照负相关，与街道大气污染浓度正相关等。

本章研究的桥阴适生区范围根据其不同位置对应的光强、光照时间不同，以及结合第四章 4.3.2 植物耐阴级别划分标准，又可以进一步细分当地植物的桥阴适生区3大类、6小类区域范围，形成更丰富的桥阴适生区种植空间及景观。

武汉市桥阴适生区，可以依据经常利用的耐阴桥阴植物如八角金盘等Ⅰ-A类植物的生长最低光环境 LCP 值作为划分界限，即植物有效生长期中（4月1日—10月31日）日平均（7：00—17：00）PAR 在 10 $\mu$mol · m$^{-2}$ · s$^{-1}$（0.08 MJ/（m$^2$ · d））以上，即物理光照强度平均约为540lx的区域界线。武汉植物生长期间全光照平均强度约为 6.15 MJ/（m$^2$ · d），则保证阴性植物正常生长的桥阴平均光强宜达到 0.12 MJ/（m$^2$ · d）（15 $\mu$mol · m$^{-2}$ · s$^{-1}$）。针对中性偏阳植物、喜阳植物在桥下适生区的应用还应该兼顾直接日照时间是否达到20％全日照时数的基本标准。

## 5.1.2 桥阴非适生区

1）定义

与桥阴适生区相对，桥阴非适生区是指在植物有效生长期中，高架桥下日平均自然光强低于当地常见绿化植物（阴性或耐阴植物）光补偿点所需光

强的所有空间区域。

2）特征

桥阴非适生区因其过低的光强环境,常造成绿化植物的光照不足导致严重"光饥渴"甚至死亡,故不主张在其下进行"强行绿化"。本章对该区域进行划定研究,就是针对有上述行为或完全闲置的桥阴非适生区域,提倡利用非植物景观元素进行空间的积极利用,提升这类城市消极空间的综合价值。

调研中发现,桥阴非适生区主要集中在低净空的引桥端和桥板覆盖的中轴线下区域。同样净空高度的引桥下,由于走向不同,其光环境差异大,如光谷大道高架引桥端 1.5～2.5 m 净空下中间几乎无植物生长,南北向珞狮北路高架桥引桥下 0.8～1.8 m 植物基本能生长,此时高宽比为 0.04,可见南北向非适生区的桥阴空间最低高宽比 $B$ 值较东西向桥下略低。武汉市桥阴非适生区光环境划分界限跟适生区相同,即一般为桥阴下低于阴性植物有效生长期间平均日 PAR 为 0.12 MJ/($m^2$ · d)(15 $\mu mol · m^{-2} · s^{-1}$)的区间范围。

# 5.2　桥阴绿地景观总体策略

## 5.2.1　宏观层面

1）政策与管理

明确规定哪些地段坚决不能建、哪些地段宜注意合理性建设高架桥。对在建或拟建的高架桥在布局、走向、形式、周围环境影响等方面考虑桥阴绿地一体化设计的布局形式、桥下景观特色营建策略,保证桥下绿地的采光要求,特别是控制性规划层面应该界定出不适合设置高架桥及其下绿地以及不要强行绿化的地段。对非适生区提出指导性建设意见。

政府积极引导,社会力量共同参与管理。城市公共空间的真正主人是生活在这个城市、经常使用这些公共空间的人们。美国"高架桥之友"组织在将人"眼中钉"的废桥蜕变为最受欢迎的公共"空中花园"中起了巨大的推动作用。积极的桥阴绿地景观营建需要公众的共同参与,群策群力,才能建出真正符合这块场地使用者真正需求的景观模式,尤其是可进入的桥阴活动场所更人性化、合理化(刘莉莉,2009)。

建成的桥阴绿地景观维护管理还需要对人们进行实时、生动、有效的宣传教育,使其自觉不乱穿、踩踏、损毁相关苗木与设施,同时还可以发动社会力量组成高架桥下桥阴绿地管理队伍,建立公共服务设施,防止类似流浪者的栖宿地、少数不法分子的聚集地、少数不文明人群的排泄场地、甚至有人"冻死桥下"❶的悲剧发生。

2)规划建设

高架桥下公共的桥阴绿地空间可以很好地提供承载和展示城市文脉延续的场所空间。城市规划师、风景园林设计师、高架桥设计者可以通过宏观、中观、微观三个不同层面从历史、传统中挖掘城市文化和创造新的城市文明。在城市空间快速演变的今天,人们的心理不同程度地存在着一种文化失落感,而具有地方特色和古典情调的环境景观作品可以在一定程度上弥补人们的这种失落。每个城市都有一本自己厚重的发展史,规划设计者们可以通过大量的调研、分析工作,对城市的历史演变、地方文化传统、市民行为心理特质、社会价值取向等进行全面、深入的分析,取其精华,去其糟粕,并融入现代城市生活的新功能、新要求,形成新的城市文化和城市风貌,让其在城市空间演变过程中保持时间上的连续性(谭鑫强,2009)。

在桥阴绿地空间规划、利用中应该同时思考:

(1)如何更合理的开辟桥阴活动场所,为城区市民服务?

桥阴绿地的诸多环境"不友好",其中的活动场所开辟具有一定的挑战性。在协调交通问题的同时,人性关怀、人文关怀、心理关怀、景观文化、地方民俗文化挖掘与表现都是值得斟酌的问题,因此这方面的问题涉及社会学、环境行为心理、心理学、人体工程学、民俗文化等诸多学科内容。

(2)如何利用闲置的城郊桥阴绿地? 如开展更多参与性特色的都市农业活动等。

---

❶ "福州一女子冻死在高架桥下". 东快网. 2010-12-18。

这往往需要当地政府的支持和引导，可喜的是国内已经有越来越多的人开始关注、呼吁都市农业的健康发展，并倡导纳入城市规划体系，对其可行性进行了多角度的探讨和论证，而大量城郊结合部的高架桥下的桥阴绿地空间及其旁边的绿地可以引入桥下都市农业与休闲。这样也更好地提升了桥阴绿地的综合利用价值。

大量的城市高架桥自身就是城市发展史上的一页重手笔的篇章，如何在尊重城市发展历史和规律、继承和保护城市文化精髓的同时，书写出更精彩的城市人居环境和谐的章节，确实是值得大家共同思考的问题。

## 5.2.2　微观层面

1) 高架桥建设

(1) 应注重高架桥主动导光设计、桥下高宽比的处理、桥阴绿地结合周围环境的一体化利用途径等。

(2) 其次针对不同的桥下空间光环境特征、周边环境特点布置相应的绿地景观，尤其是引桥端。

(3) 施工建设层面做到桥下土壤改良、给水设计、植物选用及布局等符合桥下光环境及生境特征。

2) 植物运用

(1) 更多适生植物的筛选和利用。在充分筛选、挖掘和利用当地适生桥阴植物外，还可以兼顾如典型的固氮豆科类适生植物的运用，可以改良土壤、增加有机质含量。

(2) 分步骤营建良性桥阴绿地生态小群落。营建桥阴绿地植物景观时，可以考虑种植的空间梯度、时间梯度关系。避免采用通常的"一步到位""满铺满种"园林绿化做法，而是考虑桥下第1年栽种一些一年生先锋性草本、地被类植物，改良土壤立地微环境，第2年再以灌木为主，草本、藤本为辅，第3年再、第4年完善栽植，这样通过有步骤的、有计划的栽种，使得桥阴绿地形成一个较稳定、可持续的耐阴小生态群落系统，可以更少依赖于人工管理，节约养护成本，发挥更大的生态效益。

（3）做好良好的水肥管理。"三分种，七分管"。高架桥立地条件特殊，绿化的养护管理难度非常大，技术要求也高，养护队伍的选择和养护方式的制定都应该有专门的要求，如果跟露地绿化管护一样处理，则会造成植物生长不佳的问题。水管理是难题，高架桥的遮蔽使桥下雨水大量被屏蔽，仅桥侧下方绿地中有部分飘零的雨水，这给桥下绿化植物的生长带来挑战，采用节水灌溉、人工喷灌系统定期浇淋、高架桥及旁边道路雨水收集、净化及浇灌，有利于桥下水分充分供给，保证植物生长需求。

城市绿地土壤及高架桥下土壤问题主要有来自交通废气、废液带来的重金属污染，塑料制品、表面活性剂等有机污染，以及建筑垃圾、城市垃圾、人们踩实、人工设施等特殊污染，厚度有限、肥力低下、土壤有机质含量少、碱化现象严重。可以采用客土、换土方式及石灰、有机物质等改良剂，植物吸附等降解土壤中重金属；增施有机肥降解土壤有机污染，其他特殊污染、固体入侵、人为干扰等主要采取管理手段和实时移走的方法解决。

（4）必要地段人工补光。注意植物对光环境的响应情况，必要时可采用绿色补光技术，最终实现城市高架桥下桥阴绿地高品质景观的可持续发展。

3）非植物元素的综合应用

桥阴绿地景观营建首先倡导适生区中尽可能科学地配置植物，非适生区则用非植物景观元素，如水体、灯光、雕塑小品、铺装场地、广告宣传物等来补充和完善，两者有效配合，共同营建丰富、高质量、富有特色、可持续发展的桥阴景观。

# 5.3　桥阴适生区关联自然光环境的植物配置

## 5.3.1　桥阴适生区植物景观营建要求

桥阴绿地通常有全幅式、中间分车绿化带、两边分车绿化带三种形式。现有的桥阴绿化种植大多采取一般道路绿化的形式进行成片种植，在光照较差的位置必然导致植物生长需光不足，降低植物对环境的抗性，同时景观单调，不容易形成更丰富的植物景观。探讨桥阴下基于光环境特征、品种多

样的绿化植物配置模式,不但可以提高景观效果,更符合不同植物的生态要求,进而最大程度发挥桥阴绿化植物的生态效益。

桥阴环境中,通过第三章的光环境分析和第四章的植物耐阴性分析,适生区的分布总体上可划分为3个区域,即桥中(北)、桥端低光强的阴性植物种植区,桥边少量高光强的阳性植物、中性偏阳植物栽种区,以及介于两者之间的中性偏阴植物栽种区。不同的桥下净空、周边环境对桥阴下这3个区域的平面形状、面积大小影响各不相同。这种桥阴光照分布格局应在绿化植物配植过程中充分考虑,真正做到适地适树,有益于桥下绿化景观的合理营建。总之,桥阴绿化植物配置应遵循以下要求。

(1) 安全要求。道路中的高架桥下桥阴空间大多属于道路用地范畴,即人和车的共享空间,是定向的交通活动和不定向的人群活动的统一体,桥阴绿地的绿化植物应保持桥阴空间的视线通畅,满足低视点的小汽车驾驶员安全行车的视线要求。在道路拐弯处,植物种植以低矮为主,或进行退让处理。拐弯、出口之前的对景位置宜设置标示性较强的异质景观处理,提醒司机注意并形成很好的交通引导作用。

(2) 景观丰富度要求。高架桥下桥阴空间是一个长度远大于宽度的狭长条形暗光环境空间,桥阴绿地因植物的栽种更强化了这个狭长线性空间的特征。桥阴绿地在凸显其良好的方向性和流动性特征的前提下,应注意利用桥阴植物打破其同时带来的视线过于紧张、单调、重复的视觉效果,形成许多形态、性质、功能各异的空间景观序列,增加桥阴景观的丰富度。

(3) 凸显特色要求。高架桥下桥阴植物应用宜彰显个性,避免"千桥一面"的配置方案和植物品种应用方式。每座高架桥下的桥阴植物应结合各城市街区、各条街道、所经地段环境、桥体构建特征等特质内涵进行对应的品种搭配和组合,使得各高架桥下的桥阴绿化景观有标识性、内涵性。如武汉市三环线上的诸多高架桥经过很多开阔绿地、郊野环境,且均为全幅式桥阴绿地,无需考虑桥下交通干扰,其下绿化则可以有更宽松和自由的处理模式,满足人们的使用需求。

(4) 生态、美观要求。桥阴植物首先得在符合桥阴绿地生境的基础上进行品种选用,桥下生境条件不佳,尤其少光缺水,加之两边道路交通尾气污染,桥下绿化植物应耐粗放管理且有一定的抗污染能力。最好的桥阴植物得兼顾耐阴、耐旱、蒸腾量较小、抗污染、吸附有害气体、抗病虫害,甚至是耐盐碱土等多重苛刻要求,以便适宜桥阴下的粗放管理。桥阴绿地要注重草、灌、藤本的合理搭配,尤其是针对光环境合理布置阳性耐阴和阴性耐阴植物,增加观花、色叶植物,在取得良好的观花、观叶、观果效果同时,有利于生物多样性和小群落稳定性的培育。人们在寻找更多合适的植物进行桥阴绿化的同时,应积极创造相对良好的人工种植环境,更好地了解植物的生长特性和桥阴环境的对应匹配关系,为桥阴植物健康、可持续生长提供保障,发挥其最大的生态效益。

## 5.3.2 桥阴自然光环境与桥阴绿地植物需光量的对应关系

### 1)根据 PAR 关联

通过第三章桥阴自然光环境的分析,结合第四章植物耐阴性等级,初步探讨武汉市常见高架桥下的桥阴绿地平面配置方式。为方便比较,现将桥阴植物耐阴等级单位进行转换为 Ecotect Analysis 软件中所使用的 PAR 的单位 MJ/(m² · d),根据公式(3.1)关于两者的换算关系,则得到表 5-1 的对应关系:

表 5-1 武汉市桥阴植物耐阴等级与 Ecotect 中 PAR 的换算

| 类别 | | LSP 范围<br>($\mu mol \cdot m^{-2} \cdot s^{-1}$) | 对应 PAR<br>(MJ/(m² · d)) | LCP 范围<br>($\mu mol \cdot m^{-2} \cdot s^{-1}$) | 对应 PAR<br>(MJ/(m² · d)) |
|---|---|---|---|---|---|
| Ⅰ | Ⅰ-A | <400 | <3.13 | <22 | <0.17 |
| | Ⅰ-B | | | ≥22 | ≥0.17 |
| Ⅱ | Ⅱ-A | 400～700 | 3.13～5.48 | <22 | <0.17 |
| | Ⅱ-B | | | ≥22 | ≥0.17 |
| Ⅲ | Ⅲ-A | >700 | >5.48 | <22 | <0.17 |
| | Ⅲ-B | | | ≥22 | ≥0.17 |

### 2)结合日照时数指标考虑

中性植物有偏阳和偏阴两种,一般都需要接受一定的直射光,保证其基

本的日照时数方可以满足其基本生存需求,阳性植物更加如此。故在适合Ⅱ、Ⅲ类植物的区域,同时需要考虑日照时数。参考于盈盈(2011)研究的结果,将20%全日照时数作为一个在桥阴中栽种中性、阳性植物另一个重要的参考标准。

适生区植物平面布置主要遵循桥阴自然光环境在桥阴绿地中的分布特征,并需要兼顾两个主要光环境参考指标,即全光照 PAR 和光照时数。PAR 指标(如武汉市桥阴适生区的光强界线为 22 $\mu mol \cdot m^{-2} \cdot s^{-1}$,对应 PAR 为 0.17 MJ/($m^2 \cdot d$)主要界定阴性植物布置范围,光照时数在此基础上帮助界定中性植物的栽种区间。

## 5.3.3　桥阴 PAR 与植物平面布置链接

通过 Ecotect 软件将原建模的光谷大道高架模型桥体依指北针坐标旋转 75°实现最有利桥体走向,旋转-15°实现最不利桥体走向,其分析段为引桥端至最高桥下净空段(即 2.3~6.6 m 范围)。分析指标为植物有效生长期间(7:00—17:00)日平均 PAR 值及日照时数。

### 5.3.3.1　较好走向

从图 5-1 可知,较好走向每跨间桥阴内平均等 PAR 曲线随净空增加覆盖面积呈增加趋势。中间深蓝色为 0~0.6 MJ/($m^2 \cdot d$)范围内低 PAR 区域,面积变化随净空增高呈倒梯形负增长,与 3.3.2 研究结果相同,即其阴影区范围变化与 B 值成相应系数的负增长关系。

高于 2 MJ/($m^2 \cdot d$)的深红色较高 PAR 面积在桥两边呈直角锐角三角形对称缓慢增加,直至最高净空段面积相对稳定不再变化,其等 PAR 线基本与桥体边沿平行。图 5-1 上图的 B 值为 0.23 时桥下等 PAR 线基本稳定与桥边平行,此时中间低光区域约占此跨间总面积的 46%,这些部分最高 PAR 多不足 0.9 MJ/($m^2 \cdot d$)(115 $\mu mol \cdot m^{-2} \cdot s^{-1}$),即表明中间低光强区间范围只能满足Ⅰ-A 类阴性植物生长。

引桥下第 1 跨间(见图 5-1 上图)红色线框表示三角形区域属低于 0.12 MJ/($m^2 \cdot d$)区域,即为非适生区范围,占该跨间总面积的 32.3%,其余均为耐阴植物适生区范围。PAR 最大值为 3.87 MJ/($m^2 \cdot d$)(494.55 $\mu mol \cdot$

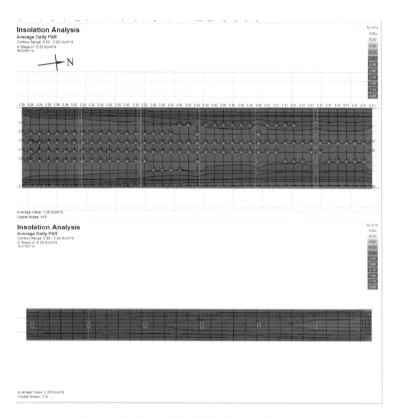

**图 5-1　较好走向引桥端至最高净空下 PAR 分布**

上图 0.09≤B≤0.25,下图 0.13≤B≤0.39

$m^{-2} \cdot s^{-1}$),7 月份桥阴最大辐射值东边为 3.71 MJ/($m^2 \cdot d$)(474.1 $\mu mol \cdot m^{-2} \cdot s^{-1}$),桥边光辐射常超出 I 类植物的 LSP 值,不适合该类植物栽种,更多考虑 II 类植物的应用。

图 5-1 下图为珞狮北路高架桥北面引桥端至南面最高 7 m 净空下的 PAR 变化分布,由于引桥端第 1 跨间 B 值为 0.13,比上图引桥端跨间 B 值 0.09 高,其跨间深蓝色 0～0.6 MJ/($m^2 \cdot d$)低 PAR 区域面积比仅为上图中第 1 跨间的 37%。引桥端当 B 值小于 0.1 时,非适生区面积约占该桥跨间总面积的 32%,可见高架桥下净空高宽比的增加对桥阴光环境改善明显。

图 5-2 是南北向荷叶山社区高架 11 m 净空段下 PAR 线的分布情况,其

等 PAR 曲线多与桥边平行，中间多为 $1.6$ MJ/$(m^2 \cdot d)$（$204.46$ $\mu mol \cdot m^{-2} \cdot s^{-1}$）以上较高 PAR 值范围，仅在两个桥墩中间形成了大小不等的近似梯形的 $0.6 \sim 1.1$ MJ/$(m^2 \cdot d)$ "孤岛" 低光强区，在这个位置栽种绿化植物需要对应进行品种调整和采用其它非植物景观元素处理。

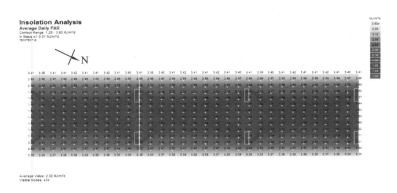

**图 5-2  荷叶山社区桥下 11 m 净空下等 PAR 线分布**

B＝0.42

综合上述分析，尝试对有较好走向下的桥阴植物平面布置进行对应的图示分析（见图 5-3），因桥两边受光较均等，其等 PAR 线基本以桥中轴线为对称轴分布，当桥下 $B$ 值达 $0.3$ 及以上时：

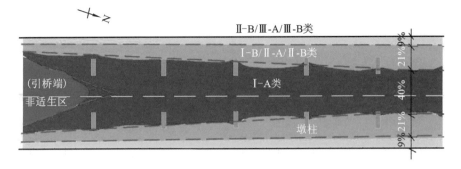

**图 5-3  较好走向引桥端至最高净空下桥阴植物类别布置位置示意**

（1）桥中间适合栽植 I-A 的植物宽度占总宽度的 $40\%$（平均 PAR 在

0.6～1.1 MJ/(m² · d)之间,即 76.67～140.57 $\mu$mol · m$^{-2}$ · s$^{-1}$);

（2）适合栽植 I -B、II -A、II -B 类植物宽度约占桥宽 42%（平均 PAR 为 1.1～2.6 MJ/(m² · d),即 140.57～332.25 $\mu$mol · m$^{-2}$ · s$^{-1}$);

（3）适合栽植 II -B 和部分 III -A、III -B 类植物宽度约为桥总宽的 18%（平均 PAR 为 2.6 MJ/(m² · d)以上,即大于 332.25 $\mu$mol · m$^{-2}$ · s$^{-1}$以上）。

### 5.3.3.2 较差走向

选择东西走向偏北 15°的最差走向进行 PAR 分析(见图 5-4),发现如下

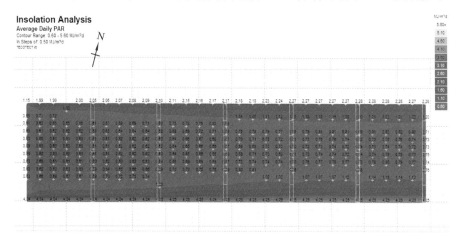

（较差走向桥下PAR分布）

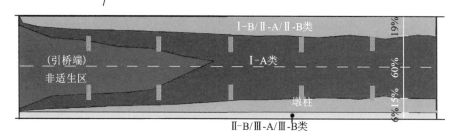

（对应的耐阴植物种植范围）

**图 5-4 较差走向桥下 PAR 分布及种植耐阴植物范围**

基本平面分布特征:随着净空增加,光强弱区呈缓慢倒梯形减少,同时较高光强区在桥两边位置逐渐向桥中增宽,但与较好走向相比,南面最高光强都比北面高,北面较高光强面积比南面窄。南边最高值可达 4.25 MJ/(m² · d)(543.11 $\mu$mol · m⁻² · s⁻¹),北边最高值仅 2.32 MJ/(m² · d)(296.47 $\mu$mol · m⁻² · s⁻¹),这说明南北边配置植物应该非对称或非同种的栽种更能有助于营建丰富的景观。

(1) 引桥端当 B 值小于 0.1 时,非适生区面积已经延伸至第三跨间,相比较好走向的低 PAR 面积,其值增加了 3 倍;

(2) 桥中间适合栽植 I-A 的植物宽度占总宽度的 60%(平均 PAR 在 0.6~1.1 MJ/(m² · d)之间,即 76.67~140.57 $\mu$mol · m⁻² · s⁻¹),该部分面积比良好走向桥下对应面积增加了 20%;

(3) 适合栽植 I-B、II-A、II-B 类植物宽度占桥宽 34%(平均 PAR 为 1.1~2.6 MJ/(m² · d),即 140.57~332.25 $\mu$mol · m⁻² · s⁻¹),比较好走向下减少了 8%;

(4) 适合栽植 II-B 和部分 III-A、III-B 类植物宽度约为桥总宽的 6%(平均 PAR 为 2.6 MJ/(m² · d)以上,即大于 332.25 $\mu$mol · m⁻² · s⁻¹),仅为较好走向的 1/3,且只分布在南边。可见桥体走向不同 PAR 强度和各光强的面积大小都有很大变化。

经过本节上述内容的分析和基本平面植物配置的探讨,可知近桥边桥阴绿地光照明显优于桥中,其物种的竖向布置总原则是植株高度相当,不会形成相互遮阴。如果是东西走向,则桥南边至桥中间可以采用由中性偏阳植物—中性偏阴植物—阴性植物过渡并且植株从低至高的变化;南北走向高架桥下则因东西两面都有直射光,桥阴植物高度最好相近。同时注意近桥边的植物生长速度特点和一般成年株高,防止其对桥里植物的遮阴影响。

适生区立体配置可以更多结合墩柱绿化进行,将会更大地增加生态效益。围绕其设置一定高度的攀爬网,让藤本植物可以很好的依附其上进行垂直绿化,增加竖向景观。上海市在这方面做了一些应用,取得了良好的绿化效果(见图 5-5)。墩柱绿化需要注意所在位置桥下净空竖向光环境特征,最好在 B 值大于 0.3 以上的区域进行立柱绿化,同时注意控制绿化攀爬高度,且必须搭设立柱维护的藤架,植物与立柱间形成隔离空间,防止植物根系、吸盘等有可能对墩柱形成侵蚀。

**图 5-5　上海市高架桥立柱绿化及绿化植物的高低搭配**

## 5.3.4　桥阴日照时数与植物平面布置链接

光照时数指标要求是满足中性、阳性植物在桥阴绿地正常生长的重要参考指标。同样通过计算机模拟分析,找出样本中从引桥端低净空至最高净空基本稳定的光照时数范围中,满足 20% 全日照时数的区域,武汉市为 397 h 的直接照射,匹配中性及阳性植物。分析时段依然为生长期中 7:00—17:00 时段。

### 5.3.4.1　较好走向

从图 5-6 可知,与图 5-4 中以 PAR 划分的耐阴植物种类和范围相比,光照时数对 II、III 两大类植物都有了更多的区域限制。

原东边、西边均有 9% 的范围适合 II-B 和部分 III-A、III-B 类的 PAR 范围,但根据光照时数分析,两边都没有超过 50% 的全日照时数范围,故不适合 III 类植物的种植。

中间 I 类范围由原来的 40% 增加至 53% 的宽度比,两边I-B、II-A、II-B类总宽度比由原来的 42% 增加到 47%。

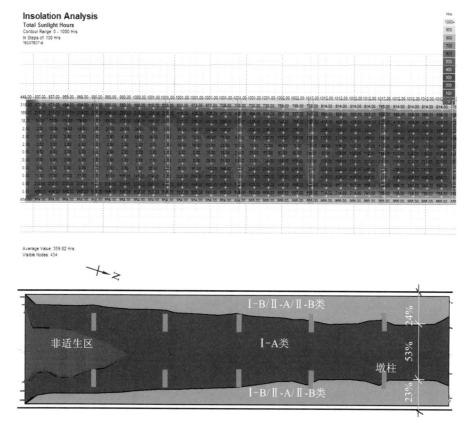

图 5-6　较好走向桥阴生长期日照时数及匹配的种植范围

## 5.3.4.2　较差走向

从图 5-7 可知，与以 PAR 划分的耐阴植物种类相比，光照时数对Ⅱ、Ⅲ两大类植物都有了更多的区域限制，原北面由 19％适合Ⅰ-B、Ⅱ-A、Ⅱ-B 类耐阴植物的宽度比缩小到 9％的宽度，且只能适合Ⅰ-B、Ⅱ-A 两类。

中间适合Ⅰ-A 类的栽种宽度比由 60％拓宽到了 71％，南面原 15％宽度适合栽种Ⅰ-B、Ⅱ-A、Ⅱ-B 类耐阴植物缩小到 7％，且种类减少了Ⅱ-B 类，但同时原适合Ⅱ-B 和部分Ⅲ-A、Ⅲ-B 类的 6％区域扩大到了 13％比例范围。

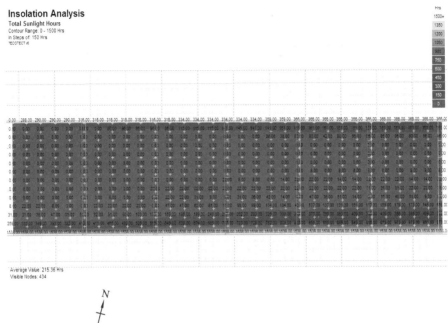

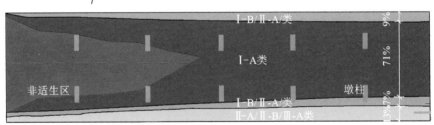

图 5-7 较差走向桥阴生长期日照时数匹配的种植范围

## 5.3.5 桥阴自然光环境指标综合的桥阴植物配置指引

将桥阴 PAR、日照时数两者的影响关系进行叠加,依据低耐阴等级覆盖高耐阴等级的原则,取两者的交集,得到图 5-8 关系图。

根据图 5-8 可得知,PAR、日照时数共同影响桥阴Ⅱ、Ⅲ类耐阴植物的分布范围。

（1）较差走向的桥下Ⅱ-B、Ⅲ类植物种植范围减少,Ⅰ-A、Ⅰ-B 类范围

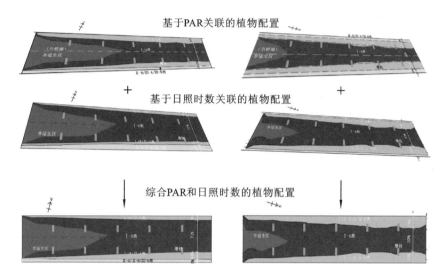

基于PAR关联的植物配置

+

基于日照时数关联的植物配置

+

综合PAR和日照时数的植物配置

**图 5-8　较差走向与较好走向桥阴光环境指标叠加**

增加。日照时数主要影响Ⅱ、Ⅲ类植物的栽种面积,所以两者综合叠加的结果使得较差走向的桥阴下两者栽种范围减少,Ⅲ类由原光照时数的 13% 减少为 PAR 影响的 6%。这是由于较差走向的桥阴下,南面朝向的日照时间比较长但总体光辐射强度不足。

（2）较好走向的高架桥下Ⅲ类植物消失。原来受光强 PAR 匹配共有 18% 的Ⅱ类和部分Ⅲ类植物的种植范围,而综合日照时数考虑,桥体两侧Ⅲ类植物均很难实现其 50% 以上的直接日照时数,故不宜种植。叠加后综合结果与日照时数影响的结果相同。

（3）桥下空间 B 值的改变可以改善桥阴绿地植物配置。这与第三章中分析的 PAR 关系、日照时数的分布与 B 值关系相对应,较好走向的桥阴下 B 值达到 0.367、较差走向桥阴下 B 值达到 0.394,分别可以消除小于 1 MJ/（m² · d）的范围,但若要消除桥阴下小于 20% 日照时数的区域,较好走向的桥下 B 值只需要达到 0.43 即可实现,但较差走向的桥下 B 值却要达到 1.68,较难实现。结合第四章的植物筛选,随着桥下 B 值的增加,可以逐步实现桥阴下全部Ⅱ类和部分Ⅲ类植物的应用。

## 5.3.6 基于自然光环境的武汉市桥阴绿地植物平面配置模式

基于上述研究综合叠加分析,较好走向的桥阴下主要利用的耐阴植物种类为全部Ⅰ类和全部Ⅱ类。

结合表4-8的武汉市桥阴植物推荐名录,可以尝试进行以下配置模式。

1)观叶为主的乔木 ＋ 灌木 ＋ 地被 ＋ 藤本模式。

鸡爪槭、石楠、三角枫、女贞、山杜英等＋八角金盘、熊掌木、洒金桃叶珊瑚、龟甲冬青、南天竹、瓜子黄杨、红花檵木、阔叶十大功劳、水果蓝、红叶石楠、构骨等＋金边过路黄、细叶麦冬、沿阶草、万年青、山麻杆等＋花叶络石、五叶地锦、胶东卫矛、葛藤等。

2)观花为主的乔木 ＋ 灌木 ＋ 地被 ＋ 藤本模式。

桂花、腊梅等＋八角金盘、小叶栀子、金丝桃、结香、棣棠、杜鹃、丝兰、含笑、红花檵木、八仙花、木槿、山茶、毛白杜鹃、连翘、金缕梅、白鹃梅、大叶栀子、木本绣球、金钟花、蜡瓣花、蔷薇等＋紫茉莉、美丽月苋草、石菖蒲、萱草、石蒜、葱兰、单花鸢尾、红花韭兰、野菊花等＋凌霄、金银花、四照花等。

3)综合搭配。

即全部Ⅰ类和Ⅱ类植物根据需要进行混合搭配。

说明:乔木栽种一定要满足空间高度、采光和日照时数的要求,同时体量不能太大,一般慎重应用。攀援类植物最好能搭设特定的藤架,与墩柱中间有一定的间隔,保证其攀援根不会附着在墩柱上,避免对结构、装饰表面的影响。扩充推荐种类植物均没有进行其光合特性的相关测试,故仅供参考。

较差走向的桥阴可以加入部分Ⅲ类植物,可以在上述1)类基础上加入法国冬青、大叶黄杨、狭叶十大功劳、金边黄杨、千头柏、铺地柏、金边阔叶麦冬、马尼拉,在2)类基础上加入茶梅、夹竹桃、大花六道木、云南黄馨、紫薇、红花酢浆草、爬山虎等,但都需要注意配置在桥体南边位置,同时不宜相互遮阴影响。

## 5.3.7　武汉市桥阴绿地的植物景观分析

桥阴绿地植物要兼顾其低光照的立地条件、抗污染、易粗放养护管理等诸多条件,大部分以耐阴能力较强的常绿灌木为主,植物配置时注意色彩景观、季相景观的运用,将有利于提升桥阴绿化景观视觉效果。

### 5.3.7.1　季相景观

春华秋实,夏荫冬枝,这一年四季的不同植物季相景观可以带给人鲜明的季节概念,同时可以很好地营造植物生生不息、丰富多彩的景观效果。

春季:万物复苏,春花烂漫。结合武汉市推荐的 98 种耐阴植物,其中春季最具观赏效果的植物有:小叶栀子、红叶石楠、金丝桃、杜鹃、含笑、红花檵木、云南黄馨、八仙花、木槿、瑞香、毛白杜鹃、连翘、金缕梅、白鹃梅、山麻杆、木本绣球、金钟花、大叶栀子、天目琼花、蔷薇、萱草、单花鸢尾、四照花等。

夏季:紫薇、棣棠、丝兰、夹竹桃、大花六道木、金边六月雪、紫茉莉、紫叶酢浆草、美丽月见草、石菖蒲、石蒜、葱兰、红花韭兰、玉簪、凌霄、金银花、爬山虎、蛇莓等。

秋季:桂花、三角枫、南天竹、小檗、野菊花、五叶地锦等。

冬季:石楠、腊梅、南天竹、结香、茶梅、山茶等。

### 5.3.7.2　色彩景观

色彩是植物独具魅力的外观表现,丰富的植物色彩可以有效地装扮桥阴景观,给人留下美好的视觉享受。

(1)绿色系列:①深绿、墨绿色系有桂花、石楠、山杜英、女贞、八角金盘、熊掌木、小叶栀子、海桐、阔叶十大功劳、构骨、卫矛、小蜡、龟甲冬青、法国冬青、茶梅、大叶黄杨、夹竹桃、铺地柏、细叶麦冬、沿阶草、万年青、常春藤、狭叶十大功劳、爬山虎、葛藤、雀梅藤、狭叶十大功劳等;②浅绿色系有洒金桃叶珊瑚、雀舌黄杨、瑞香、大叶栀子、金银木、小叶女贞、瓜子黄杨、丝兰、金边黄杨、千头柏、吉祥草、草地早熟禾、匍匐剪股颖、马尼拉、扶芳藤、花叶络石、五叶地锦、地锦、胶东卫矛、胡颓子、南蛇藤、蛇莓、黄荆、白芨、枸杞等。

(2)红色系列:①深红色系有三角枫、红叶石楠、阔叶十大功劳、小檗、南天竺、地锦、狭叶十大功劳等;②鲜红色系有鸡爪槭、山茶、山麻杆、茶梅、红花韭兰、石蒜、凌霄等;③粉红色系有紫薇、木槿、杜鹃、夹竹桃、大花六道木、紫茉莉、美丽月见草、红花酢浆草、红花檵木、天目琼花、四照花、蜡瓣花等。

（3）白色系列:小叶栀子、毛白杜鹃、金边六月雪、白鹃梅、大叶栀子、丝兰、水果蓝、玉簪、葱兰、金银花、含笑、金钟花、厚皮香等。

（4）黄色系列:腊梅、连翘、金丝桃、棣棠、结香、云南黄馨、金边过路黄、萱草、野菊花、金银花、金缕梅等。

（5）蓝紫色系列:八仙花、木本绣球、蔷薇、紫茉莉、石菖蒲、单花鸢尾、紫叶酢浆草、金边阔叶麦冬等。

## 5.3.8　案例分析

对武汉市卓刀泉高架桥(见图 5-9)主桥下桥阴绿化进行具体分析(桥体的建设信息见表 2-1 中 24 号卓刀泉立交高架桥)。卓刀泉高架位于卓刀泉北路与珞瑜路的交叉处,主桥长 580 m,宽 12～18 m,(宽处为与匝道合并段)沿珞瑜路呈东西偏南约 5°走向。两侧有上下共 3 层、宽 7 m 的匝道,北面匝道连通珞瑜路东段至卓刀泉北路,南面匝道从珞瑜路西面连接卓刀泉南路。其桥下净空从引桥端最低的 0.6 m 增加到最高净空的 12 m。桥下净空 B 值变化范围为 0.05～1(北面匝道下最大 B 值高达 1.71)。除 B 值很小的引桥端下,桥下其余位置光照相对较好,但近正东西的较差走向使得桥下光照不均匀。

选择 18 m 宽,净空高 10 m 的主桥下跨间(见图 5-9 上图红框部分)进行植物布置方式详细分析,其布置如图 5-10。以桥南边线为参考位置,从南至北其下植物种类依次为:金边阔叶麦冬、红花酢浆草、小叶栀子、杜鹃、熊掌木、桂花＋石楠点缀,八角金盘、杜鹃＋金丝桃＋小叶栀子＋红花酢浆草＋金边阔叶麦冬。

优点:

(1)与此桥创造武汉市首次采用彩色路面沥青记录相匹配,此桥桥阴绿化也是武汉市首次运用较多开花草本、灌木,同时还栽种了小乔木(桂花和

**图 5-9　武汉市卓刀泉立交高架位置及桥下栽种**

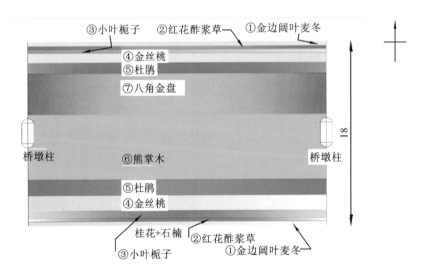

**图 5-10　主桥 10 m 净空下植物配置平面**

石楠)的高架桥,绿化植物种类丰富,不但丰富了桥阴绿化平面景观,立面景观也得到了新的阐释,且大部分植物生长较佳,景观效果良好。

(2)桥体南面的植物配置基本遵循了植物对光强的不同需求,进行多个物种的搭配组合,如金边阔叶麦冬、红花酢浆草光饱和点、补偿点都相对较高,植株低矮,适合栽种在桥南面的绿地边。

(3)在突出杜鹃、八角金盘、熊掌木等主要基调树种的同时,不同跨间采用了不同植物种的组合,如细叶麦冬＋杜鹃＋熊掌木;金边阔叶麦冬＋小叶栀子＋金丝桃＋八角金盘＋红叶石楠;细叶麦冬＋金丝桃＋洒金桃叶珊瑚＋石楠＋桂花。在 7 m 宽、高 12 m 的珞狮路至卓刀泉北路的匝道下由于采光几乎不受限制,其下还运用了铺地柏＋大花六道木＋小叶女贞＋南天竹＋紫薇的组合方式,植物生长良好。

(4)注重桥阴植物的四季色彩景观搭配:春季有粉红的杜鹃、金黄色的金丝桃;夏季有紫色花及黄绿相间叶片的金边阔叶麦冬、白色小花的细叶麦冬、大红大紫的紫薇花、粉色大花六道木、白色香花小叶栀子、粉红色红花酢浆草;秋季有红色紫薇、开放黄色香花的小乔木桂花、深红色南天竹;冬季则有四季常绿的熊掌木、八角金盘、小叶栀子、杜鹃、洒金桃叶珊瑚、铺地柏等观叶植物,同时南天竹还有鲜艳的红果。

不足之处:

(1)观测段的南北两边采用了同种植物的对称布置方式,出现了同种植物明显的生长对比:金边阔叶麦冬在北边桥下叶片稀疏、开花少,长势差,甚至出现死亡后重新补植的情况,杜鹃和金丝桃也有同种情况。

(2)低矮的引桥端,采用了八角金盘和熊掌木进行"强行绿化"。八角金盘和熊掌木植株矮小稀疏、叶片小、长势差,甚至植物死亡,土壤裸露出,与桥下较高的净空位置形成了明显的对比(见图 5-11)。

(3)南边的金丝桃有"烧苗""叶灼"现象。说明南面的光强已经大大超出了金丝桃的 LSP 范围,对其叶片造成了伤害,其不能在此位置很好地生长,北面对应段的金丝桃则无烧苗现象(见图 5-12)。

图 5-11　引桥端下八角金盘"强行绿化"与高净空下对比

图 5-12　桥阴南边的金丝桃有"叶烁"现象

# 5.4　桥阴绿地非适生区景观营建

城市高架桥下的桥阴绿地除了植物适生区域外,还有部分空间不能满足植物的正常生长光需求,即本文定义的非适生区。这些空间主要集中在引桥端、桥下正中、墩柱旁,其景观的营建需要采用非植物绿化的手段,不仅需要与植物景观协调,而且兼顾生态、社会、经济、文化等其他综合功能,更有助于提升桥阴绿地景观质量。本节尝试从非适生区空间有效利用及特色景观营建问题、桥下雨水收集及浇灌问题进行探讨,提出非适生区景观建设的初步理念。

### 5.4.1 营造主旨

1) 保证安全。

桥阴绿地非适生区景观营建需要结合周围不同环境特征进行合理设置,突出场地特性。在具有道路交通功能的桥阴下,非适生区景观营建要兼顾交通安全的基本要求,保证司机有足够的安全视距,尤其是桥下有道路出入口、转弯的位置,在不遮挡视线的前提下,还需有明显、鲜艳的特色指示性标志物,以指引行车方向,使司机有安全感。

2) 赋予文化和科技内涵。

非适生区景观的元素主要为非植物元素,其一旦设定,常会固定不变,随着现代社会科学技术的不断进步,材料的耐久、美观、新颖要求也不断提高,如环保灯具、电子监控、自动浇灌装置等,非适生区的景观应该在造景中突出这些要求,同时赋予景观一定的地方文化内涵,使之成为当地历史文化的有效传承载体的展示场所空间。

3) 兼顾经济、生态、环保等综合效益。

非适生区景观的营建需要利用非植物材料,即人工材料,这需要在设计和应用中充分把握其低碳、环保、经济节约、可持续、循环利用等方面的要求,凸显经济、生态、节能环保的特点,体现经济效益、社会效益、文化效益、生态效益、景观效益、教育意义、展示意义等多重综合功能。

### 5.4.2 营建要素

非适生区景观营建要素按质地可分为软质景观、硬质景观两大类:①软质景观要素主要有植物、水体、软质小品(如布幕、横幅、扎纸、海报等)、光影等。②硬质景观要素主要有市政设施(如给排水设施、绿地浇灌设施、变电箱、弱变电站)、建筑、装饰雕刻、宣传广告(灯箱广告、大幅户外广告)、景观灯、山石、临时设施、静态交通设施、铺装、休闲活动场地等。

### 5.4.3 营建方式

#### 5.4.3.1 铺装处理

引桥端、低净空位置，或桥阴下需要解决停车难问题的地段可硬化后做自行车、摩托车、小汽车的停车位，或做沙石透水铺装景观。

整体硬化铺装的色彩、质地、形状等视觉效果应给人明快、舒适、质朴的感觉，铺装材料应根据用途不同分别对待，作为人行、停车（机动车、自行车）、站台利用则需要有足够的压弯强度，耐磨耗性大，无褪色性，无其他不良性和冻结破坏性，且平整、不易打滑，晴天不反光。铺装的表层材料主要采用浅色材料，有混凝土、预制块材如砖、石、混凝土等。为了增强桥下铺装的色彩效果，可以用彩色预制混凝土铺装。

例如上海市高架桥将靠近人流集中的商场、单位、公园、学校附近 5 m 以下引桥端，甚至更高净空的桥荫地段开辟出来作为硬化地面的机动车、自行车停车场所，可以有效解决部分停车难的问题（见图 5-13）。武汉市高架桥下也有少部分停车场设置，停车场设置需要考虑桥下净空影响及与桥外交通路线的组织等关系处理，尤其是在机动车快速增长的城市，停车难已经成为了很突出的问题，在适当地段的高架桥下设置停车位有助于局部缓解这一问题。

**图 5-13　桥下部分硬化用作停车场**

在周边人流停留和车辆存放需求不大的高架下，可以设置鹅卵石、细沙石做成枯山水景观、沙石铺装等形式,或用木屑等非整块材料形成桥下透水铺装的形式(见图 5-14)。沙石质朴的景观效果可有效妆点引桥端、桥中的非适生区空间景观,同时还可增加桥阴土壤透水透气性。木屑还能有效改良桥下土壤的结构和疏松程度,增加桥下土壤有机质。

图 5-14　上海高架桥下非适生区采用粒状透水铺装

### 5.4.3.2　设施景观

1) 装饰

市政设施一般都是以白色立方体的"方盒子"大众形象呈现,在适宜生产、满足基本使用功能的前提下,可以尝试进行艺术造型处理,让其自身就成为一件难得的公共雕塑艺术品,以彰显城市文化、城市科技和城市技术等综合魅力。具体做法如统一用鲜艳美观的图案进行整体装饰,不仅便于识别,而且景观效果良好。

例如上海桥阴绿地中的变电箱都统一用明亮的大幅自然风光图画、公益主题宣传画进行了装饰,视觉上达到了鲜艳、醒目、统一的效果,且每个地段画面主题各不相同,不会有单调、重复的感觉,成为了桥下一道靓丽的风景(见图 5-15)。

2) 色彩

目前,高架桥空间色彩现状的突出问题是高架桥本身的色彩和环境缺乏联系(谭鑫强,2009)。国内的高架桥体多以混凝土的本色示人,它体量巨大,跨度长,对城市色彩构成带来不良影响。适当的色彩处理可以起到一种有效的装饰效果,过于花哨艳丽的色彩又会产生视觉干扰,所以桥体色彩须"有度"。

高架桥的桥阴空间上层"顶"部结构是桥梁(大多用箱梁)的底面,梁、板

图 5-15　上海市桥阴绿地中市政设施美化

底部的色彩可以为桥下空间美化、亮化带来很重要的影响,有研究认为灰黑色的混凝土高架桥底给人带来心理上的不安和压抑感。板梁比较规矩、厚重,如果能将桥梁板底部涂上浅蓝色、草绿色、米黄色等浅色、反射率高的色彩,则可以有效增加视觉的明度和亮度,有助于减弱桥下原色彩给人们带来的阴暗、压抑、沉闷感受。

　　上海高架桥在虹口体育馆附近段采用了米黄色、浅蓝色涂层(见图5-16),其他大多数桥梁底部采用白色、银白色;广东东濠涌高架桥底部采用天蓝色、成都人南立交桥下公园用白色都是不错的做法,这对武汉市高架桥梁底部大多用混凝土的原灰色形成的沉闷感来说,是值得学习和借鉴的做法。郭英龙(2009)认为高架桥底层色彩的选择与处理,应结合所在地的气候条件、自然环境、人工环境、建筑材料和建筑使用性质等综合考虑,如南方地区日照多,温度高,高架桥底色彩应多选用冷色调,北方则宜用暖色调。

图 5-16　桥梁底部用浅色彩装饰减轻压抑感

3）亮化

桥阴绿地夜晚灯光景观是软质景观中一个具有魅力的光影景观元素。桥阴夜晚灯光景观可以改变人们对桥阴绿地白天过于"阴暗"、压抑的总体印象，甚至可以让桥阴空间对人们产生更新奇的吸引力。桥阴绿地夜晚灯光景观是一种值得推敲的营建要素。首先，它跟道路、桥梁照明功能不同，不用承担道路交通车行安全照明功能，其主要属于园灯照明，起着渲染氛围和装点环境作用；其次，需要结合绿地功能和特点配套设置，以服务行人和场地使用者为主，不形成眩光或过于暗淡，不能干扰司机视线，不扰乱植物正常生理特征为前提。

桥阴绿地夜晚灯光照明主要是用来照射植物、桥墩柱、场所、小品等设施，提高人们夜晚对绿地的视觉享受，美化环境的同时还能对人们的感情、情绪产生影响，同时还具备安全提醒作用，总体以藏、小、实用、节能为原则。武汉市目前有卓刀泉高架、新建的金桥高架等少数几座进行了桥下夜晚灯光的亮化，主要以墩柱投光器向上照射为主，重点可以突出墩柱的轮廓，同时梁底部反光可以为桥阴空间增加照度，但不同灯光颜色、亮度都会对桥阴绿地植物有不同影响，这个方面有待今后深入的研究。

4）材质

桥阴设施表面材料选择虽因设计方案而异，但最好有鲜明的装饰性，同时要满足装饰材料自身维护与功能上的要求，如耐久、抗腐蚀、环保等，还应以易取材，具备地域特征为原则。从经济角度考虑，涂料是最便宜实惠的外饰面材料，颜色、表面质感处理好，就可以获得良好的视觉效果。

金属片的材质给人坚硬、容易建设的感受，且持久性强、质轻、科技感强，容易创造各种形态，抛光和在适当位置加上油漆则会更有光泽感、鲜艳度，且反光率高，在桥阴下容易引起注意，这种表面有光泽的材料与表面晦暗的混凝土材料可以产生对比，可以给人强烈的视觉冲击。

玻璃材质，透明或半透明，具有反射、透射、折射等效果，给人以轻质、现代、活跃的感觉。

### 5.4.3.3 城市文化展示

根据地形地貌、城市景观风貌、地域文脉等条件将所通过的高架桥划分为若干区段,结合所经路段的环境、城市空间特色、历史记忆对桥梁、墩柱进行装饰设计,形成性格鲜明的景观序列,人们在下面穿行,宛如在城市文化长河中徜徉。四川德阳的高架桥墩柱采用了更大胆和富有"争议"的做法,即采用大面积精美雕刻的铜片、铁片包裹整个大墩柱和横梁,使得整个桥下游憩空间变成了一座"富丽堂皇"、精美绝伦的艺术展览长廊(见图 5-17)。其做法虽感觉耗费财力,但这种对高架桥下消极空间的积极美化和利用,尤其是对当地深厚地方民俗文化的挖掘和传承,并利用桥阴空间特点进行充分展示的做法却值得肯定和学习。

**图 5-17　四川德阳市高架下的装饰**

另一个具有代表性的是成都市老成都民俗公园。该公园位于人民南路三段和四段区间的人南立交桥下,2002 年元月建成开放,算是我国第一个真正意义上的高架桥下主题公园。圆墩柱上都是四川代表的地方剧种川剧中色彩丰富的变脸脸谱,长方体墩柱则是古老街巷等的水墨画,一起组成了一道醒目的浓郁地方文化的空中艺术长廊(见图 5-18)。老成都民俗文化得到了淋漓尽致的阐释,景观效果赢得了市民和同行专家一致好评。

高架桥阴绿地空间是一个新生的公共空间,如果能注入城市历史文化精髓,注重当地文脉传承,以人为本地进行桥阴空间的场所设计,则可以在体现城市现代气息的同时给人们以归属感、社会认同感,增强向心凝聚力。

### 5.4.3.4　街区活动场所

城市高架桥常穿越不同的街区和地段,如商业区、交通集散点和市中心

**图 5-18　成都市东坡高架、人南立交下呈现的老成都文化景观**

等。如果能因地制宜、兼顾周边用地中不同人群使用需求开辟相应的桥下活动空间，不但可以获得良好的城市印象，还可以为市民提供户外交流、活动、休闲的公共场所。

　　桥阴绿地中常进行的活动类型有积极性活动和消极性活动两大类，积极性活动有：①休闲、观赏。如果高架桥下有新鲜、聚众的活动，或者良好的景观，则很容易吸引这部分人群。②娱乐、运动。表演、展示与观看、可参与的活动易引起人们更多兴奋感受。③交往。高架桥高大体量属于"城市意象"中主要组成成分之一，户外集合、初次约见等常有可能选择在便利到达、且环境较佳的桥阴绿地进行。④小型商业。

　　由于桥阴绿地大多不做特殊管护，再加之桥下光线较暗、植物遮挡，为一些特殊人群的不文明活动提供了相对隐蔽的空间，如流浪者的栖宿地、少数不法分子的聚集地、排泄场地等。

　　桥阴绿地中设置人们活动的场所需要受一定条件的限制，开设桥阴活动场地需要兼顾到人们安全便利的使用需求，有着舒适、可达、美观、健康的环境，以及场所设施体现人性关怀理念。

　　（1）所在位置要方便人们安全利用、便捷到达。高架桥位于城市主干道中间，在其下的桥阴绿地设置活动场所会导致人流与车流发生较大的冲突。

车流量大,不利于人们安全到达,且两边的车水马龙带来的高噪音、扬尘、尾气都不利于人们的身心安全。在交通量不大的城市次干道或支路段高架桥下,有安全通道保证下可考虑设置桥阴活动场所。较理想位置是高架桥的一边或两边有连通的宽阔开敞的公共绿地,且有城市支路或区级道路与附近居住区或者人流集中场所相连通,或路旁有公交换乘站点,有利于人们到达桥阴绿地开展活动。若桥阴绿地两边全部是连通的公共绿地,则更有利于桥阴绿地的活动完整开展(见图5-19)。

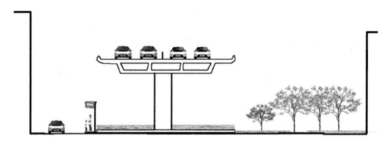

**图5-19 较理想的开展活动的桥阴绿地场地环境示意图**

(2)用地形式宜为全幅式桥阴绿地。若为中间分车绿化带、两边分车绿化带、过窄的高架桥下绿地都不宜作为活动场所。

(3)场所中有趣味点和吸引点,可以让人们更多的驻留,应适当设置停留空间,否则导致无人使用,利用率低造成场地闲置。

(4)有较丰富的细部空间和分隔遮挡物,满足不同人群活动的需求。因为桥下是一种开敞的公共场所,如果希望人们在下面较多的停留和使用,必须有比较丰富的空间形态,尤其是避免"曝光"式的场地处理。桥体北面等不利朝向应适当围合和遮挡,这样处理不但可营造较丰富的空间形态,满足人们的私密性需求,还可以遮挡风雨,提高桥下场所使用的舒适度,延长不同季节的桥阴空间使用时段。

(5)兼顾文化、社会、教育、环保、生态等多重价值。城市桥阴绿地场所景观设计中若能兼顾展示城市特色文化、延续城市历史文脉、体现现代城市的科技、环保理念,传达社会积极向上的精神面貌,宣传生态低碳思想等功能,则将有效提升场地的品位和综合价值。场所的小品、颜色、形式越贴近生活和传统,将更容易引起人们的内心共鸣,产生文化认同感,同时也给人留下了深刻的城市印象。

### 5.4.3.5　郊区都市农业活动

都市农业(urban agriculture)是指在城市内部和周围耕种植物和饲养动物。都市农业有着它明显的积极意义,如节约用地、提高土地利用效率、获得食物、甚至实现生态与经济双赢。Mougeot(2005)在《农业城邦》中提出,都市农业最重要的特点不在于它所处的空间位置,而是它是城市经济、社会和生态系统不可分割的部分。国内张立生、蔡建明、刘娟娟等都探讨了其积极意义、在我国的可行性问题及途径以及国外成功经验借鉴。建议将都市农业纳入我国城市规划体系中,确保其健康、可持续的发展。不当的都市农业也可能造成环境污染和健康安全隐患,如化肥、农药的使用及土壤、水污染、有机化学物质富集等,在营建时需要有良好的技术措施保证。

高架桥城郊地段的桥阴绿地与城市街区路段的桥阴绿地在周围环境上存在很大的差别,桥阴两侧或一侧一般都是无交通干扰,且周围用地为闲置、郊区菜地、农地、居民自留地、山地、荒地等,而这些地段的桥阴绿地大多为闲置或有待绿化的状况,可以开辟成综合价值高的都市农业用地。

笔者对武汉市三环线上系列高架桥进行调研,大多桥下都处于闲置无绿化状态(见图5-20),且为全幅式桥阴绿地。三环线高架桥下无绿化的桥体总长约36.7 km,桥下闲置面积达68.83万平方米,约合1032亩的耕种面积,这对宝贵的城市土地资源来说是一种很大的浪费。

**图5-20　武汉市三环线系列高架下大量闲置的桥阴绿地**

较晚开通的三环线东段高架桥下已经开始有绿化建设管理部门介入,并开始了桥两边各30 m宽的绿地绿化建设,但这种做法从现场考察结果来看却很值得商榷。例如荷叶山段高架桥修建大多是征用了当地村民的菜地和其他作物的种植地,高架桥建成后将两旁各 30 m 宽菜地全部铲平,栽种了统一格调、高投资的园林绿化景观树和大面积需要精心维护管理的草坪(见图 5-21)。当地人陆续又在绿化地间隙地中开辟一块块小菜地,可惜却遭到了管理部门严格制止。这种状况值得当局管理者审慎地思考,是否可以将这些环境下的桥阴绿地及两边用来大手笔"美化"的绿地进行更富有特色、兼顾社会、经济效益的新型桥下都市农业休闲活动,这一点值得我们思考。

图 5-21　三环线东荷叶山社区段高架下的闲置地、绿化及菜地

## 5.5　桥下雨水收集及浇灌

### 5.5.1　桥下雨水收集、净化浇灌的意义及相关研究背景

雨水利用方式已经从单纯的下渗、集蓄利用、滞留调节发展为综合考虑景观、生态等多功能、多目标的利用方式,如美国的 BMP(best management practice)、LID(low impact design)和澳大利亚的 WSUD(water sensitive urban design)等。美国近些年提出的绿色基础设施(green infrastructure)、可持续基础设施(sustainable infrastructure)等概念也将雨水利用的理念纳入城市规划设计中。目前美国、德国和日本等国家在雨水资源利用方面已形成比较完善的技术措施、管理框架和法律法规。中国也在不断探索雨水花园、雨水生态净化系统等相关理论和实践。

我国城市高架桥路面雨水常采用两种方式处理:一是由集中的雨水管收集后排入市政管道流走;二是任其自然就地直接排入绿地。第一种做法加重了市政管网压力,同时忽视了雨水资源的有效利用,第二种做法对桥下绿地补水有一定的好处,但不经处理直接排到绿地则使得路面雨水中的污染在绿地中富集,不利于植物正常生长,落水口周围土壤还可能遭受雨水的冲刷,形成水洼地,导致植物不耐淹浸而死亡(见图 5-22)。在此背景下,笔者试图探讨如何在桥下非适生区收集桥面和两边路面雨水,并就地将污染严重的初级雨水进行分流、生态净化降解,次级雨水达到绿地植物浇灌标准后供绿化补给浇灌。这种方式有着积极的意义。

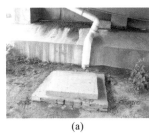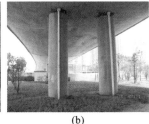

(a)　　　　　　　　　(b)　　　　　　　　　(c)

**图 5-22　高架桥雨水收集后排水方式**

(a)、(b)图排入市政雨水管网;(c)图直接排入绿地

1) 改善城市高架桥下及周边的景观环境。

将雨水收集到桥下特别是引桥端的储水池结构中,可以形成不一样的桥阴绿地景观,同时给桥下植物浇灌和桥阴水景观的营建提供了可能。

2) 倡导低碳城市,节约绿化成本。

桥下人工绿化投入的物力、财力和资源比较大,其中最突出的是水资源补给。桥体的遮挡使得桥阴绿地除桥边有限位置有少量淋雨外,其余部分全年都没有自然雨水的浇淋,全部需要人工补水。目前桥阴绿地人工补水大多是洒水车浇水,少量桥下安装了喷灌设施,但都需要利用自来水资源,如果都用洒水车浇水,将会造成大量的碳排放和水资源耗费。

结合道路绿化实际案例,根据绿化建设中的施工建设阶段、养护阶段的碳排放初步研究,可知露天城市绿化植物洒水车浇灌平均耗油量为 0.33 L/(m$^2$ · a),折合 $CO_{2e}$ 排量为 0.94 kg/(m$^2$ · a),每平方米绿化植物养护需水量平均约 0.15 m$^3$/a。桥阴绿化没有自然雨水的补给,其正常生长所需水量为当地年平均降水量和正常二级养护需水量的总和,即桥阴绿化植物需水

量比露天植物需水量大得多。若一座城市高架桥下有 10000 m² 的桥阴植物，全部靠洒水车养护浇灌，将需耗柴油 3300 L/a，至少产生 9.4 tCO₂ₑ/a，总需水量至少为 1500 m³/a，这显然非常不利于城市低碳建设和水资源节约。按车伍(2006)提出的年均可利用雨水量计算公式：年均可利用雨水量＝降雨量×汇流面积×径流系数×弃流系数×季节折减系数，初步计算出武汉市桥阴绿地收集和就地降解雨水后每年可节约近 50％的养护用水。

3）减缓城市排水管网压力，利于城市地下水补给。

高架桥桥面及两旁的道路路面雨水若汇入桥阴非适生区储水空间，将大大减少该地段市政雨水管道的排水压力，同时可消除该路段的路面积水隐患；初级雨水经过雨箅子、筛网等设施过筛，水污井沉淀，细砂过滤吸附等设施处理，还可以通过土壤渗入地下，补给部分城市地下水。

4）生态降解高架桥面雨水污染，保护环境。

雨水是良好的绿化浇灌水资源，但路面雨水的使用，面临路面初级雨水的污染降解、次级雨水收集利用的难题。道路雨水如果不经任何处理直接排放至江河湖海，将会造成积累效应的水体污染。

Drapper(1999)等人指出水质中的悬浮物即 SS 主要来自轮胎和筑路材料的磨损、运输物品的泄漏、刹车连接装置产生的颗粒及其他与车辆运行有关的颗粒物、大气降尘及除冰剂等；重金属 Pb 主要来源于汽车尾气的排放，Zn 主要来源于轮胎的磨损；氯化物主要来源于除冰盐；油和脂主要来源于燃料或润滑油的泄漏；毒性有机物主要是汽油烃(PHC)和 PAHs，来源于润滑油的泄漏及部分汽油的不完全燃烧产物；N 和 P 主要来源于大气降尘。车伍、赵剑强等研究都得出道路路面雨水的污染程度受城市道路状况、交通车辆类型、燃料情况、当地季节、气温、降雨间隔时间、降雨强度和降雨量等影响。Ellis 研究发现受纳水体中金属含量的 35％～75％来源于公路路面径流。道路雨水污染有一定的特征性，汪慧贞等发现，当一场雨降雨量少于 10 mm 时，最初 2 mm 降雨形成的径流中含有了此场雨水径流 CODCr 总量的70％以上，当降雨量大于 15 mm 时，最初 2 mm 降雨形成的径流中包含了其 CODCr 总量的 30％～40％。郭凤台等人发现，路面初期径流污染物浓度较高，但随着降雨历时越长则浓度下降，若采取相应措施，控制超标项目浓度，路面径流完全能用于绿地灌溉。

笔者曾收集过关山大道高架桥路面雨水径流,并进行了雨水样本观测(见图5-23),收集日期为2011年8月23日,下雨最早从6:30开始,距离上次8月12日下雨间隔11天。

**图5-23　关山高架下11份雨水样本**

从降雨初期雨水至稳定期雨水,从左至右为A1—A11

开始是间断的毛毛雨,无径流产生。8:25才开始下小雨,8:30开始桥下落水管处有径流产生,随着雨势增大为中雨,落水管处雨水流量明显增大,瞬时落水平均速度达0.25 L/s。落水管下端无任何储水、收集等设施,桥面雨水直接排往绿地,落水管口周围的土壤受到冲刷。1 h后雨势明显变小,但10:30后雨势又增大,这场雨一直持续下到21:30才逐渐停止,总降雨水量为45 mm。由于实验条件和时间的限制,在环境工程学院水环境实验室的帮助下,仅针对收集前1个小时内的雨水样本pH和COD进行了简单实验分析,结果如下(见图5-24):

从透明塑料瓶中收集的样本颜色观察,A1、A2呈浓黑色浑浊状,悬浮杂质多,颗粒物较大,透明度极低,A3、A4的黑色程度有所缓和,A5～A10水

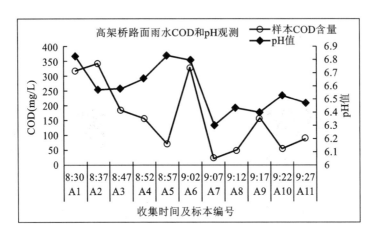

**图 5-24 关山大道高架桥路面雨水前 1 个小时中的 COD 和 pH 变化**

质较清,透明度明显提高,这是基于之前雨水径流的冲洗,大悬浮颗粒等已经基本洗涤干净且趋于稳定,但随着雨势减小,A11 号标本则又出现浑浊现象,这可能与桥面持续不断的道路机动车交通有关系。

COD、pH 总体呈降低趋势,但在第 27～32 min 左右均出现峰值,这与其雨水汇集面积和路径有一定的关系,最开始到达落水管的是雨水管附近的桥路面雨水,随着时间推移,汇水区周围路面污染物陆续到达,使其 COD 值偏高。雨水 pH 值总体均呈酸性或弱酸性,说明大气和路面溶于雨水的酸根离子比较多,这与城市大气污染有关。路面初期径流污染严重,但随着雨量持续,次级雨水污染度相对较小,如果将这部分体积较小但污染性很强的初期径流分出,进行分散或集中处置,雨水径流污染物总量可大大减少,次级雨水可很好地满足绿化浇灌。

## 5.5.2 可借鉴的桥下雨水收集和利用技术研究

高架桥路面雨水的收集利用有"高空"优势,雨水在自重力作用下自流到桥下,针对高架桥下空间特点,形成引桥段下的非适生区储水空间,经过零动力的层级净化、结合雨水生态收集系统生态降解高架桥路面初级雨水污染物,形成符合标准的绿化浇灌水。兼顾次级雨水的绿地灌溉,造景、生态回灌技术,与高架桥下空间合理利用结合起来,可以形成良好的空间景观。

### 5.5.2.1 高架桥雨水生态收集净化可借鉴技术

1）截污与分流

首先是雨水口的污物拦截及分流技术。环保型道路雨水口技术值得借鉴（见图5-25）：在雨算子下设过滤斗，雨水径流由雨算子初步拦截较大污物后进入算子下的过滤斗，经过滤斗过滤后进入有着一大一小两空间的内部空间，大空间为截流间，小空间为溢流间，两者由溢流堰分开。当径流量小于初期径流容积时，全部被截留在雨水口内，由底部的透水设施渐渗入周围的土壤，自然排空。

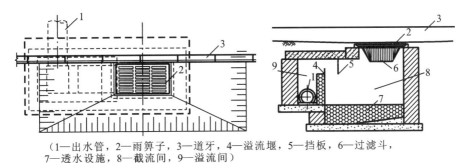

（1—出水管，2—雨算子，3—道牙，4—溢流堰，5—挡板，6—过滤斗，7—透水设施，8—截流间，9—溢流间）

**图5-25 环保型雨水口示意图**

左为平面图、右为剖面图

初期径流容积充满后，后期径流便溢流到末端的溢流空间内，再经管道排向下游。发明将格栅过滤、初期径流拦截与自动弃除、漂物拦截相结合，既拦截了地面径流中的大部分污物，又保证了雨水的顺利收集和排放，具有显著环境生态效益和经济社会效益。

分析：本环保型雨水口可以结合高架桥雨水收集系统一起利用，有效过滤经雨水口进入水体的杂物，同时能较好摒弃部分初期污染雨水。

2）蓄水与净化

蓄水主要依靠雨水调蓄池（收集池）。根据建造位置不同，常分为地下封闭式、地上封闭式、地上开敞式（地表水体）。地下封闭式调蓄池可以使用混凝土结构、砖石结构、玻璃钢、塑料与金属结构，地上封闭式的调蓄池常见

做法有玻璃钢、塑料与金属结构等;地上敞开式常利用天然池塘、洼地、人工水体、湖泊、河流等进行调节。

高架桥下绿地中的桥面雨水收集池适合建成地上封闭式,这样雨水管容易接入,利用高差无外动力的对桥阴植物进行自流浇灌。可以用玻璃钢、金属、塑料水箱等,且主要占用引桥下、桥中央的非适生区地面空间,相对比较隐蔽,安装简便,维护管理方便。其容量大小需要通过对当地年均降雨量、桥面截流系数等综合计算来设置,多余的雨水可以通过水池溢水口有组织流出,让其浇灌植物或渗透进桥阴土壤,补充地下水。高架桥路面雨水收集的水质有污染,需要定期清理和维护。因此蓄水箱设计需预留位置,便于人工定期清理沉淀物。

高架桥路面雨水面源污染的生态净化同样可以遵循控“源”、滞“流”、终“端”三个紧密有序的生态工程措施链方法,如结合植草沟、连锁雨水收集池、渗透沟、终端收集池来形成一个相对完善的高架桥路面初级雨水的生态降解系统,有效降解初级雨水的污染物,形成相对干净的绿化浇灌水。经过净化的初级雨水和污染较小的次级雨水经过沙滤池、透水软管等渗透装置和设备,可以形成很好的绿化植物灌溉水,丰雨期多余雨水可结合局部地势处理,形成小的水景观,满足植物浇灌用水后,更多的雨水在保证高架桥基础稳定的前提下,进行地下水回灌。

对于两边道路的路面雨水,可用降低桥阴绿化带地势的方式,特别是桥边地势,就近汇集高架桥两边路面的雨水至桥下沟渠收集净化系统,增加桥下雨水收集量。

### 5.5.2.2 高架桥路面雨水浇灌技术

由于高架下植物无法受到雨水冲淋,污泥、粉尘很容易黏附在叶片上,既影响了植物外观,更不利植物自身生长。在管理养护方面应特别强调对其进行定期清理,最好能配备喷灌设施,将叶片上的污泥冲落,使其重新吸附灰尘,吸收有害气体。合理灌溉是保证植物正常生长、发育的重要条件,表现在适时灌溉和适度灌溉两个方面。适时灌溉可以采用自动喷灌系统,省力省时。适度灌溉,则需要针对不同的物种生态习性,土壤的水饱和程度进行灌溉。高架桥下的绿化植物叶面覆盖的灰尘比较多,如果借助喷灌、喷淋设备,可以很好的洗掉叶片上的灰尘,保证植物的光合作用和蒸腾作用、呼吸作用正常进行,同时避免病虫害发生,还能形成比较好的植物绿化景观效果。

高架桥雨水利用绿化灌溉系统(见图5-26)。在原有排水管的下端接有直径相同的且带有弯头的改造排水管,排水管下端伸入设在地面上的储水池内,储水池的下部侧面设有一组连通绿化带的浇灌出水管,储水池内竖向设一上端接近储水池的顶部,下端与原有城市下水系统相接的弃水管,储水池的顶端覆盖储水池盖板。

优点:系统简单实用,没有水泵、控制阀等器件,不需电力;在自然天气条件下便可自动完成绿化带的浇灌;建造成本低、可就地取材、易于维护和推广实施,参考意义大。

不足:①没有考虑初期雨水弃流或生态处理;②没有考虑更多雨水的存储;③没有兼顾与桥下绿地景观一体化处理。

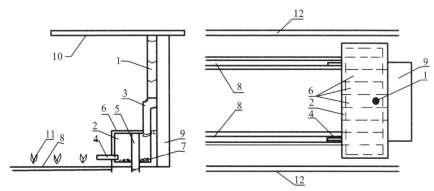

(1—原有排水管,2—地面上的储水池,3—直径相同且带弯头的改造排水管,4—浇灌出水管,5—原城市下水弃水管,6—储水池盖板,7—泥渣层,8—绿地浇灌沟渠,9—桥墩柱,10—高架桥梁板,11—绿化带,12—绿化花坛边沿)

**图5-26　高架桥雨水利用绿化灌溉系统示意图**

左为结构图,右为平面图

此外类似技术还有郝波然、何为等人的专利技术,但与张允宜的相比还有一些不足,且都没有考虑初期雨水的处理,雨水收集及净化没有兼顾结合桥下空间利用以及桥下水体景观、合理绿化浇灌的处理,整体性和系统性还

有待提高。结合非适生区,高架桥下还可以建立更丰富、完善的雨水收集和生态降解湿地、储水设施及利用系统。

### 5.5.2.3　桥阴雨水收集净化及浇灌系统景观初设

根据本章前面所述内容的启发,尝试对桥阴非适生区进行雨水收集及利用系统的概念设计(见图 5-27),旨在对这方面进行初步意向探讨。

本方案根据高架桥已建和未建两种情况建议,对于已建高架桥其雨水管系统已经建立的情况,可以考虑结合现有雨水管网采用在张允宜设计的方案基础上改进方案。对于新建和拟建高架桥,则建议进行分段集中收集、净化和进行浇灌。

主要原理是把桥面雨水汇聚到引桥端下非适生区的雨水收集池,经过层级净化吸附,降解雨水常见污染物,并储存净化,用来浇灌绿地植物。

根据当地的平均降雨量初步计算集水池的容量,本着节约材料、施工简便、易于管理的基本原则。本方案雨水池采用长、宽、高尺寸为 10 m×4 m×2 m 的玻璃钢水箱基本模型建成。雨水管集中收集雨水输送到第一个较高的集水池,并与近底部大鹅卵石、沙石接近,长、宽、高尺寸为 5 m×1 m×0.5 m 的第一个狭长集水池主要是初步降解较大颗粒的污染物。左侧有低 15 cm 的挡板溢水口,水满后从第一个集水池流入第二个同尺寸的集水池,池底铺设中粗粒径的沙石和吸附网,进行水体的第二次净化吸附。满水后从最左端溢水口流入最大的第三个储水池,该池中设置较细的沙粒和吸附网吸附沉淀污染物。池中最上端设有溢流管口,当暴雨期水池装满时过多的雨水通过溢流管口进入绿地。在每个池间的侧壁上都设有最低水位的出水口阀门,人工绿化管护时进行开启。出水口通过细沙沟渠浇灌网络(见图 5-27 中的 1 图)将水输送到附近绿地。因为储水池体量不大,可以根据具体情况进行尺寸调整以适合场地要求,且可以根据收集雨量间隔一定的距离设置一个小的收集系统分担就近桥阴绿地补水任务。但雨水收集系统会受到降雨场次不均、时令不均等情况的影响,且总的灌溉量有限,须结合市政补水和浇灌系统方可保证桥阴绿化养护的正常水量需求。

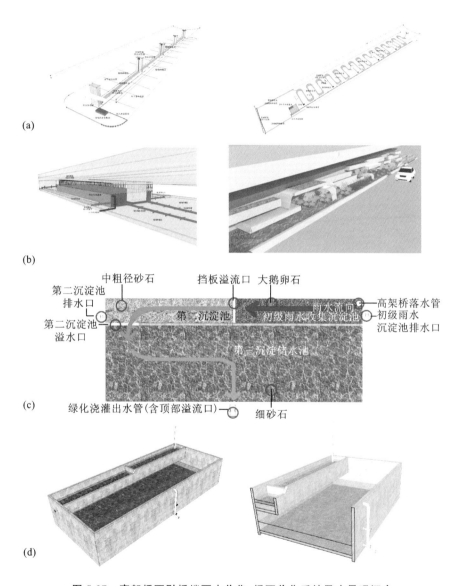

**图 5-27　高架桥下引桥端雨水收集、桥下收集系统及水景观概念**

（a）桥下非适生区雨水收集及浇灌系统；（b）引桥端结合大储水池的动水景观营建构想；
（c）结合初级雨水收集与净化的三级储水池平面分析；（d）储水池剖断透视图

171

# 5.6　本章小结

高架桥桥阴绿地植物配置及景观营建与桥下光环境密切相关。依据当地典型的阴性或耐阴植物生长对光环境最低基本需求，本章初步界定了高架桥桥下绿地空间可以分为桥阴适生区和非适生区，并试图阐述两个基本概念。

适生区的植物景观配置和应用需满足对桥下交通安全、景观丰度、特色景观及生态性、美学的要求。

桥阴适生区的面积范围及形状根据桥体的不同走向、桥下高宽比不同会有差别。最佳受光的桥阴下两侧光强较均匀，尤其在其 $B$ 值达到 0.27 以上时，等 PAR 线基本上与桥边线呈平行关系。最中间桥墩柱的影响会使得墩柱周围有较低阴影区的"孤岛"出现，要注意周边植物的灵活处理。桥阴植物配置在注意了平面关系的同时，还应该兼顾竖向处理，避免相互遮阴，由桥内至桥外，植株高度上应逐渐降低。结合立柱的竖向藤本植物的绿化，占地小，绿量大，不会形成更多的遮阴面积，生态效益好，应该大力倡导。武汉市在这个方面还是处于空白状态。目前已经开始有了在重要街道高架桥下、桥身进行悬挂种植花钵的方式进行的花草绿化美化行为，这对人工维护管理力度提出了更高的要求。

桥下高宽比 $B$ 值越大，桥下光环境受限度越小，越有利于桥下更丰富的植物景观营建。从引桥端至桥下最高净空，桥下低光强区呈倒梯形面积增长，适宜栽种中性耐阴植物的适生区面积沿桥边呈缓慢三角形增长，至最高净空下基本稳定，且与桥边基本平行。

目前城市高架桥常为 4～6 车道，桥下最大净空高度常在 12 m 以下，如按武汉市常见的 26 m、18 m 宽高架桥而言，桥下最大高宽比为 0.46～0.67。在没有周围环境遮阴影响，良好水肥管理情况下桥下耐阴植物可以良好生长。最佳受光的桥体走向在桥下净空 $B$ 值低于 0.1 时，除桥边的桥阴绿地每边约可以栽种桥宽 9% 位置的植物外（即通常为桥边往桥内 1.5～2 m 宽范围）；较差走向的桥阴下非适生区面积比例大，且桥体两边光强差异大，适生区面积不同,应区别对待。非适生区宜采用非植物景观营建方式,如尝试在引桥端建立高架桥路面雨水收集、初级雨水污染就地生态降解与绿化浇灌系统等。

对于中间绿化分车带的桥阴绿地,植物选用的受限程度比两边分车绿化带的桥阴绿地形式大很多,因此建议需在桥下空间开辟机动车通道的,分车绿带最好能采用两边式的分车绿化带。此种方式与桥体建设尤其是墩柱的形式、布置密切相关,因此桥阴绿地需要与桥体建设统一规划才能保证其下良好的光环境。

在目前已有的高架桥下绿化植物实践应用、跟踪观测的同时应积极探索适合当地的其他新品种应用,如本文在第四章4.4.3中推荐的武汉市高架桥绿化扩充物种,这些还需要在今后的建设实践中大胆尝试并进行经验总结。

桥下阴地光照最低的是桥柱区域、桥始末两端与地面的衔接处,然后是桥中区域。在靠近路面的两侧因相比之下光照较好,且时常有雨水冲刷,所以较利于植物生长。这种特殊的环境布局,应在绿化植物的种植设计中充分考虑。在桥下生长环境相对较好的区域进行植物种植,在无法达到理想效果的局部区域运用非植物景观的手段进行美化,取得更加整洁、美观的景观效果。桥阴绿地从属于城市道路绿化用地,其绿地景观营建的方法手段与普通的道路绿地景观营建有共性之处,更有其特殊性。桥下植物种植应因地制宜,尊重其下光环境分布特征,采取如行列式、成组栽植、交替栽植、或者满铺满栽等多种配置形式,注重植物群落结构,扩大桥阴绿地的复层结构比例,提升桥阴绿化植物配置的艺术水平,美化桥阴景观,提升其美学、生态综合价值水平。

高架桥非适生区因不同的桥型、位置、空间尺寸、不同适生植物对象而在面积、形状上有差异,其所能呈现的景观元素表现为除植物以外的软质景观和硬质景观两类。非适生区所选用的景观表达手段和种类丰富,倡导在结合场地周围环境的情况下营建特色景观,其材料的运用、环境设施利用等方面要赋予文化和科技内涵,兼顾经济、生态、环保、教育等综合功能。

非适生区景观在铺装、设施美化、文化展示、开辟场所等方面进行了初

步探讨。对铺装方面,从整体硬质铺装、碎料透水铺装两个方面提出实践中的良好做法,对设施构造物的造型与美化结合调研中的优秀案例分别进行了阐述。笔者主张利用桥下这种公共城市空间作为城市文化展示的平台,正如兰波特所言,"人类的自然环境,人造环境从来没有被设计者所控制,这个环境是民俗(或大众)建筑的产物……""民俗传统构成了景观最大的部分,而预先设想的专业设计要素即'高雅传统'构成了另外一小部分"。景观是文化的线索,民俗传统的解读是真正文化与实际生活所在,而高雅传统的解读主要是解读文化的伟大底蕴,这对高架桥下空间景观设计带来思考。成功的高架桥空间景观设计应该与城市的历史、文化一脉相承,应该具有地方特色,同时,其设计手法应该富有时代气息。

桥阴绿地场所的设计需要从人的行为心理出发,同时还要把握桥阴绿地空间特征,结合周围的环境场所进行开发和利用。街区环境则尽量给人们提供休闲、聚会的便利、人性化的公共空间。郊区段大量闲置的桥阴空间则可以设计成让人们更多参与、体验、学习、接受教育的活动场所,如都市农业等,使得这些桥阴绿地发挥更多的综合价值。

本文主张在引桥端下的非适生区布置桥面雨水收集设施,探讨雨水收集、浇灌技术,结合桥面初级雨水净化、次级雨水的储存、雨水景观于一体的设计构想,旨在引起人们对高架桥路面雨水收集和桥下绿化浇灌利用的重视。

# 第六章　桥阴绿地景观展望

城市高架桥的飞速建设带来桥阴空间的消极性问题。对周边环境的影响、土地资源浪费、桥阴空间特色景观营建等问题都开始逐渐受到人们的关注和重视。本章分析桥阴下自然光分布规律，从研究绿化植物对光强需求特征，找到光和植物配置之间的匹配关系着手，尝试探讨这个特定空间中植物景观、非植物景观问题的解决思路。

## 6.1　高架桥构建影响桥阴景观

1）城市高架桥下桥阴绿地自然光环境与高架桥的建设紧密相关，改善桥阴绿地自然光环境应兼顾桥体走向、桥下净空高宽比、桥体分离距离3个主要影响因素，且桥体与上述3个因素之间存在相互影响的规律。

（1）较好走向桥体的桥阴空间采光优势明显。利用较成熟的 Ecotect analysis 2011 软件进行建模和桥阴光环境分析，得知：较好走向的桥阴两侧 PAR、日照时数空间分布对称均匀，中间最低光强区面积较小，且最低值、平均值比其他走向桥体同净空的高；较差走向桥体南面的采光优势明显，其 PAR 和日照时数都有高值区域，但桥阴两侧 PAR、日照时数分布不均衡，整体平均 PAR 值、日照时数低。武汉市平均桥阴采光较好走向是南北向偏东 15°，较差桥阴采光走向是东西方向偏北 15°，布置较差走向的桥阴植物时南北两边需非对称式处理，且北面不能运用中性偏阳、阳性类的植物。

（2）桥下净空的高宽比 $B$ 值越大，越有利于桥下采光。通过对样本高架桥下不同 $B$ 值时 PAR 和日照时数变化规律的考察，发现随着桥下 $B$ 值增大，桥阴下 PAR 和日照时数均呈不同比例的线性增长关系，回归分析可找出其临界 $B$ 值：减少低 PAR(PAR<1 MJ/(m²·d))面积比的临界 $B$ 值，较好走向桥下为 0.367，较差走向桥下为 0.497；减少低日照时数（日照时数＜

20％全日照)面积比的临界 $B$ 值,较好走向桥下为 0.43,较差走向桥下为 1.68。对桥阴低光照环境的改善方面,较差走向的桥体更难实现。高 PAR (PAR≥3 MJ/($m^2$·d))面积比、高日照时数(日照时数≥50％全日照)面积比,较差走向桥下更容易实现。若以高 PAR 面积比达总桥阴面积 20％为参考指标,较好走向的桥体 $B$ 值为 1.42,较差走向桥体下 $B$ 值为 0.92。实现高日照时数(日照时数≥50％全日照)面积比达到桥阴总面积的 20％指标,较好走向的桥下很难实现,较差走向桥体下的 $B$ 值为 0.92。

(3) 桥体更宽的分离缝有利于桥阴光环境改善。当桥下 $B$ 值为 0.231,分离缝宽 2 m 时,桥下低 PAR(PAR＜1 MJ/($m^2$·s))面积基本消失;桥体分离缝宽度增至 4 m 时,桥下低光照时数(光照时数＜20％全日照)的区域面积比接近 0。当 $B$ 值越大,分离缝适当增宽,则可以有效改善桥阴自然光环境。

2) 了解不同绿化植物正常生长所需的光合有效辐射范围(光饱和点 LSP 和光补偿点 LCP 值区间范围),有利于在桥阴不同光环境中合理配置植物。

植物正常生长对环境光强的反应主要是体现在光合特性 LCP、LSP 两个指标,本文在针对武汉市生长较好的桥阴植物(包括试种种)包括乔木、灌木、藤本、草本共 29 种,利用光合仪 LI-6400XT 进行对应 Pn-PPFD 响应曲线的测定,从而得出每种植物 LCP、LSP、$A_{max}$、$\phi$ 植物耐阴性能的表征值。根据指标综合聚类得出其相应的耐阴类型,共 3 大类 6 小类。大类划分主要以 LSP 小于 400 $\mu mol·m^{-2}·s^{-1}$、400～700 $\mu mol·m^{-2}·s^{-1}$、大于 700 $\mu mol·m^{-2}·s^{-1}$ 标准划分,这与第三章桥阴自然光光环境的分析结果相近。植物有效生长期间,桥下 $B$ 值大于 0.27 的桥阴中间较低光强区域平均 PAR 值大多在 0.4 MJ/($m^2$·d)及其以上值范围,即本研究中为 51.12 $\mu mol·m^{-2}·s^{-1}$,超过了大多数耐阴植物的光补偿点值,因此以 LSP 划分大类。聚类后以 LCP 是否大于或者小于 22 $\mu mol·m^{-2}·s^{-1}$ 为划分小类的标准,这对低净空段和低光强环境中的桥阴植物选择有较大的参考意义。29 种测试植物中Ⅰ-A 类植物主要有八角金盘、熊掌木、扶芳藤。Ⅰ-B、Ⅱ-A、Ⅱ-B 是桥阴绿化的主体,Ⅲ-A、Ⅲ-B 需在桥阴下慎重应用。在此基础上,提出了常春藤等 98 种耐阴植物名录,为武汉市桥阴植物景观营建提供选材参考。

3) 根据植物对光环境的最低需求阈值将桥阴绿地划分为桥阴植物适生区和非适生区两个空间范围。利用 PAR、平均日照时数两个指标探讨了较好走向、较差走向高架桥下不同净空适生区植物种植范围比例:较好走向桥下 $B$ 值大于 0.3 时,其 Ⅰ-A 类种植宽度占桥中的 40%。适生区植物景观根据桥阴光强分布特点,尽可能对应选择多种植物进行搭配组合,做到兼顾四季景观和植物生态特点,进行合理配置。

4) 提出非适生区景观营建策略,倡导高架桥下雨水收集系统的研究和应用,以及结合环境的场地活动开展,并注重桥阴绿地生态、文化展示、教育、经济等综合效益的提升。

本书在高架桥下桥阴景观构建方面作出如下研究总结。

(1) 高架桥建设对桥阴绿地自然光环境的影响规律方面,以武汉市高架桥为例,分析了城市高架桥不同走向、桥下高宽比、主动导光、周围遮挡对桥阴自然光环境的影响规律,为指导桥阴绿地景观营建提供了光环境基础指引。

(2) 通过实测武汉市 29 种桥阴植物的光-光响应曲线,了解了其光合特性主要指标,并将这些指标进行耐阴等级的归类,同时参考相关文献研究,推荐了常春藤、八仙花等 98 种武汉市耐阴植物名录。实测了武汉市高架桥阴不同光环境中应用较多和试种的一共 29 种绿化植物的 Pn-PPFD 曲线,得到了这些植物在桥阴环境中的光补偿点和光饱和点区间范围,并进行了耐阴能力聚类分析,为更好地在桥下不同光环境中栽种这些植物提供了参考依据。同时结合高架桥下实验地苗木的试种、观测,初步提出了适合武汉市高架桥下光环境的 98 种园林绿化植物名录,丰富了桥阴植物候选对象。

(3) 提出并探讨了基于光环境下桥阴绿地的适生区和非适生区概念,提出了对应区域具有生态、社会、环境等综合效益的景观营建新策略。适生区研究自然光环境与植物需光要求的匹配关系,提出了对应的植物平面配置图引;非适生区则倡导引桥端桥面雨水收集、就地降解与浇灌,与周围环境相结合的桥阴活动场地景观处理,倡导城郊桥阴段开设可以让人们参与、体验、采摘、教育甚至就业的都市农业型的桥阴场所景观营建构思,旨在对提

升武汉市高架桥下桥阴绿地景观质量提供参考。

# 6.2 研究拓展方向

1）桥阴自然光环境分布规律研究还有待深入。

对桥阴光环境指标的分析主要集中在植物有效生长期间的平均光合有效辐射 PAR、平均日照时数两个指标分析上，且都是在桥体周围无遮拦的理想状态环境中进行比较，与城市高架桥可能经过的街道建筑环境的影响结合不多，这还需要根据城市高架桥实地情况进行桥阴光环境的具体分析，才能有效指导桥阴绿地的建设。

2）植物光合特性实验还有待完善。

植物光合实验非常复杂，所测对象也可能会因为选择的叶片年龄、水肥状况、不同的微环境而导致最终结果有较大的偏差，鉴于笔者专业知识的局限，对桥阴植物光响应与耐阴性判断指标偏简单粗放。这些需要今后联合长期从事植物生理生态学科的专业人员深入实验，为武汉市高架桥下的桥阴绿化的植物品种筛选、光合特性了解及其实践应用提供切实可行的参考意见。

3）适生区景观和非适生区景观缺少现场实证研究支撑，理论探讨有待深入。

本研究仅初步探讨了适生区和非适生区的景观构思理念，缺乏深入系统的研究，目前研究成果在武汉市高架桥下尚无有力的实证支撑，仅在三环线暂无绿化的桥下申请了耐阴苗木试种实验地。今后应跟建设管理单位开展更多的交流和沟通，进行如结合特定地段的人性化活动场所处理、桥面雨水就地收集、净化及浇灌利用、城郊地段闲置的桥阴绿地结合周边绿带开展特色都市农业利用等尝试，这样有利于更丰富、积极的桥阴绿地景观营建。

4）桥阴补光方面尚无涉及。

鉴于目前仪器设备的缺乏和笔者知识结构的局限，基于桥身一体化的隔噪、导光、引虫、驱虫的高架桥反光板导入阳光至桥阴空间的课题还没有进行研究，这需要今后与项目组成员一起探讨。

178

## 6.2.1 慎建城市高架桥

梳理武汉市高架桥的发展轨迹,2011年城市高架桥建设进入鼎盛时期,如此大体量的空中巨龙在短时间内拔地而起,为城市快速、便捷交通和解决拥堵带来了显著效果,然而在这股"热潮"背后,人们应冷静、全面地审视一下这个大建设行为,减少对城市高架桥的短视,避免"短命"城市高架桥的故事轮番上演。当"以车为本"的城市高架桥汽车尺度与"以人为本"的城市生活空间中的人尺度发生较大的冲突时,人们应重新思考城市人居环境的本质。

世界各国交通发展的最新潮流是遵从以人为本的思想,城市交通是网络交通,不可能靠建大量的高架桥解决问题,有的高架桥只对汽车有利,却造成行人与公共交通的不便,与城市交通发展方向背道而驰,加之高架桥造价昂贵,通行能力只能发挥一小部分,很不经济(蒋永红,2006)。在具有良好城市街景、悠久传统城市风貌、繁华商业街等地段更应该慎建高架桥,其对商业、经济负面影响明显,高架桥对于传统商圈来说,杀伤力大于凝聚力。防止城市盲目建造高架桥需要政府具有对城市长远、全局发展的意识、道路交通部门以及城市规划部门的科学研究和分析,完善城市交通车辆出行规划,改善现有道路交通的状况,完善交通管理系统,建设地下交通,从多方面联合方能有效改善城市交通系统。

(1)拆除:法国巴黎是世界著名的大都市,它对已带来更多环境负面影响的城市高架桥坚决拆除。美国、日本、韩国、包括中国广州、上海等城市都先后有拆除城市高架桥的典型案例,武汉市也拆除了两座。城市高架桥建设需审慎,对综合效益明显弊大于利的已建高架桥应果断拆除。这对城市规划、交通系统规划部门在考虑高架桥建设的前瞻性、合理性、可行性、综合效益等方面提出了挑战,城市基础设施的建设应力图避免更多的浪费。

(2)废弃桥的再利用:美国纽约市从甘斯沃特街延伸至曼哈顿西区第30号街道的一条长2400 m,离地9 m高,宽达18 m的高架桥被设计师成功改造成了一座供附近居民休闲娱乐、颇具现代感的"空中花园",高架桥公园已变成了纽约最时尚的热点休闲区之一,这种将废弃高架桥"化腐朽为神

奇"的做法,值得风景园林设计师学习。

## 6.2.2　积极合理处理桥阴空间

1）提高现有高架桥的桥阴空间综合价值。

充分利用高架桥建设所产生的桥阴空间,结合周围用地进行更多因地制宜的利用,如经过寸土寸金的商业地段,甚至可以像日本那样成功处理成附属经济价值高的特色商业购物街。本文特别倡议在城郊段闲置的高架桥下桥阴绿地结合富有特色的都市农业提升其下土地的综合利用价值,但其具体的实施、管理、操作都有待今后深入研究。

2）桥下生态都市农业展望。

武汉市三环线城郊段城市高架桥下大量的闲置土地给都市农业提供了良好的场所和空间。原来所经过的农业种植用地,现在部分被"强行"变成城市景观林地和少有人光顾的大草坪,周围居民在其下的继续耕种权利被剥夺,同时以菜地耕种为生活主要收入来源的菜农们也失去了这项经济来源,这种社会现象值得大家深思。

本文认为,在原来这些闲置、即将大面积林木绿化,甚至已经进行了大面积草坪建设的地段开展有组织、有规划、有引导的都市农业行为,可以很好协调上述社会矛盾,更主要的是可以营建出兼顾生态、经济、游览、观光、种植参与、管理、再就业、新鲜食物提供、环保、教育等综合效益于一体的新型城市高架桥下特色景观。

3）适当地段的桥阴空间增补自然光。

首选通过桥梁的分离缝设置桥中心的主动导光。如果桥宽太大,在必要路段还可以结合与桥身一体化的反光板导入阳光技术应用,对桥阴进行人工绿色补光。其中选材、安装、经济节约、美观、安全、结合现有的高架桥隔声板综合利用、防止对周围环境的反光、眩光等一系列子课题都有待相关学者进行研究和探讨。

4）PAR研究方法在城市建筑遮阴绿地中的推广。

本研究关于环境的自然光特征研究计算机模拟方法、手段,植物耐阴能力测定,以及两者相互链接的技术和方法还可以在城市其他人工建筑遮阴影响的绿地中推广，如指导城市居住小区的合理绿化。

5）桥下雨水收集、浇灌系统合理设置并与桥阴市政补水系统结合技术。

桥面收集的雨水浇灌桥阴绿地远远不够，自然降雨存在季节性不均、场次不均的情况，雨水池的容量大小、材料、形状等须依据当地降雨情况、桥体建设具体情况合理设计。集桥面雨水收集、就地生态净化、桥下有效灌溉、市政补水水系于一体的绿化浇灌技术有待深入研究。

总之，良性的桥阴绿地景观营建是一个复杂的问题，本文基于自然光光环境下的绿地景观营建策略只是从桥下诸多影响因子中将光因子单独剥离出来，通过分析和研究，针对这个因子的影响提出的系列策略构思和建议。

从目前国际生态城市发展的趋势来看，城市高架桥作为城市发展的必然产物，最终必然为地下交通、更优化的综合交通系统、人本的生活环境所取代，而在这之前，我们的任务是对已建和拟建的城市高架桥下的桥阴绿地空间进行较深入的研究和整合，让其在生命周期中发挥最大的综合功效。本书写作目的便是希望从了解自然光环境因子的基本特征与人工绿化种植环境如何更好结合的角度出发，尽可能引起人们对高架桥建设、桥下消极空间景观的生态化处理的关注和思考，从而让城市高架桥这种人工设施与自然因素更加和谐，让桥阴空间、桥阴绿地发挥更大的存在价值，城市人居环境更友善、亲和、宜居。

# 附图 1 不同走向高架桥同净空下 不同时间 PAR 比较

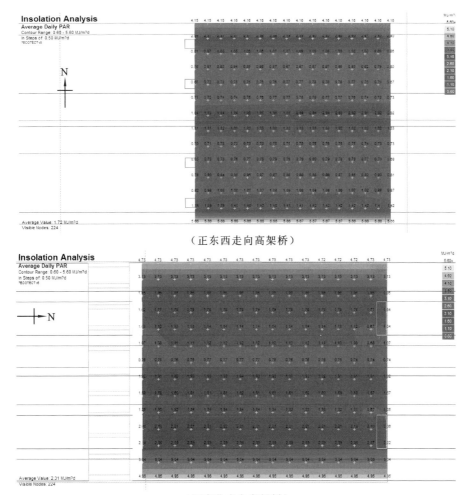

（正东西走向高架桥）

（正南北走向高架桥）
（a）夏至日(7:00—17:00)PAR

附图 1

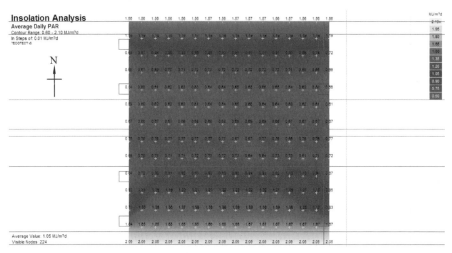

（正东西走向高架桥）

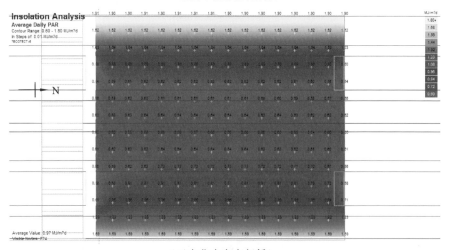

（正南北走向高架桥）
(b) 冬至日(7:00—17:00)PAR

续附图 1

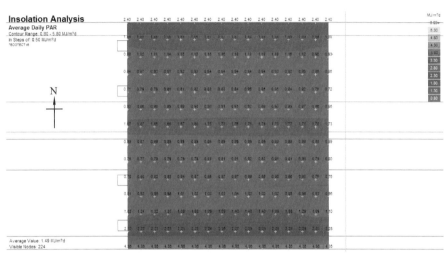

（正东西走向高架桥）

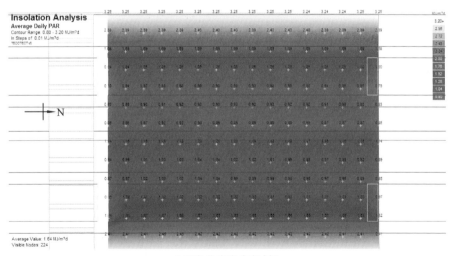

（正南北走向高架桥）

(c) 有效生长期间(7:00—17:00)PAR

续附图 1

说明：颜色越偏深蓝表示光环境越差；颜色越纯黄表示光环境越好。以下图均相同。

185

# 附图2 不同走向高架桥同净空下 不同时间日照时数比较

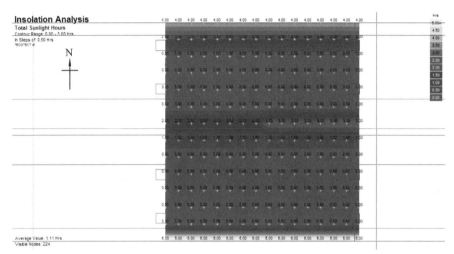

（正东西走向高架桥）

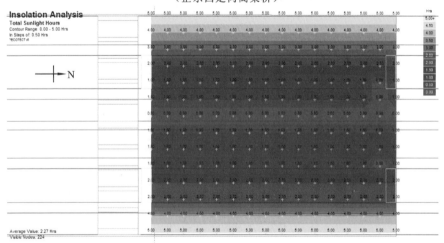

（正南北走向高架桥）
(a) 夏至日（7:00—17:00）日照时数

附图2

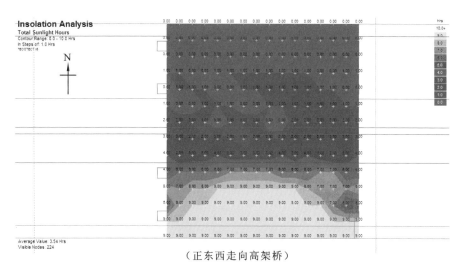

（正东西走向高架桥）

（正南北走向高架桥）
(b) 冬至日（7:00—17:00）日照时数

续附图 2

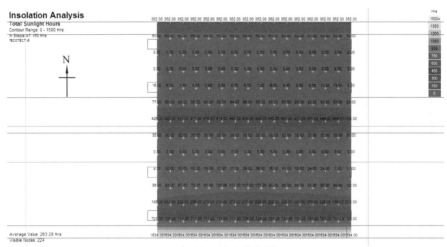

（正东西走向高架桥）

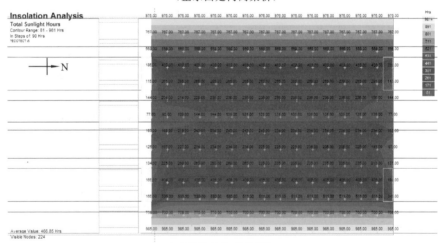

（正南北走向高架桥）
(c) 生长期间（7:00—17:00）平均日照时数

续附图 2

# 附图 3　生长期不同走向高架桥下 PAR 随 *B* 值的变化

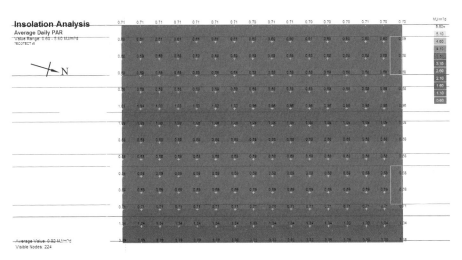

（平均光环境较好的桥下PAR）

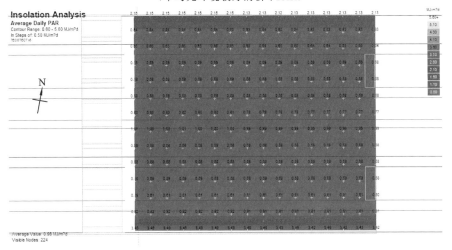

（平均光环境较差的高架桥下PAR）

(a) 桥下净空*B*值为0.038时平均PAR

附图 3

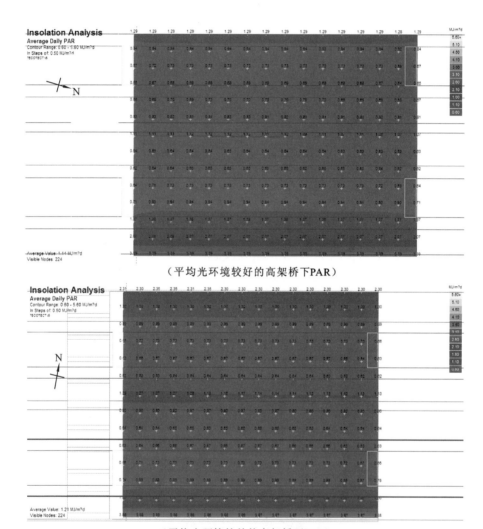

（平均光环境较好的高架桥下PAR）

（平均光环境较差的高架桥下PAR）

(b) 桥下净空B值为0.115时平均PAR

续附图3

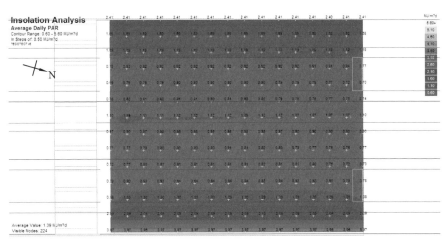

（平均光环境较好的高架桥下PAR）

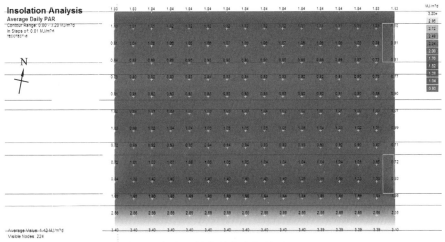

（平均光环境较差的高架桥下PAR）
(c) 桥下净空B值为0.192时平均PAR

**续附图 3**

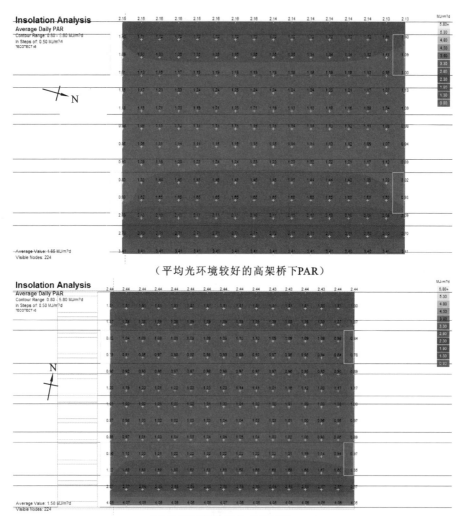

（平均光环境较好的高架桥下PAR）

（平均光环境较差的高架桥下PAR）
(d) 桥下净空B值为0.269时平均PAR

**续附图 3**

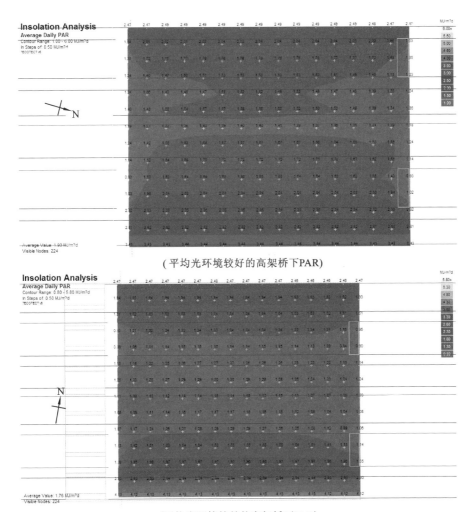

(平均光环境较好的高架桥下PAR)

(平均光环境较差的高架桥下PAR)

(e) 桥下净空B值为0. 346时平均PAR

**续附图 3**

193

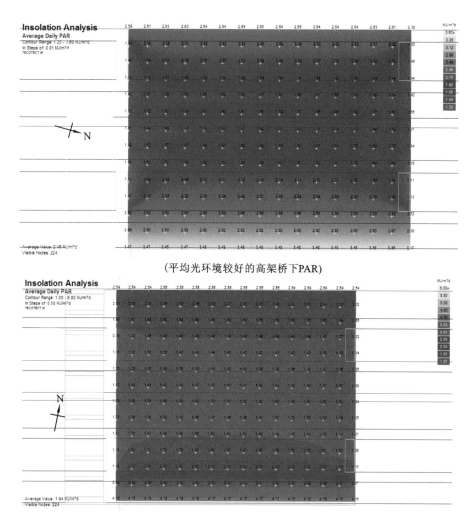

(平均光环境较好的高架桥下PAR)

(平均光环境较差的高架桥下PAR)

(f) 桥下净空B值为0.423时平均PAR

续附图 3

# 附图 4　不同桥体走向下平均日照时数随 $B$ 值的变化

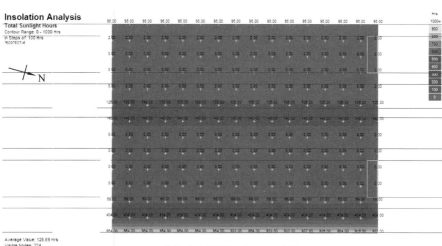

（较好走向桥阴平均日照时数）

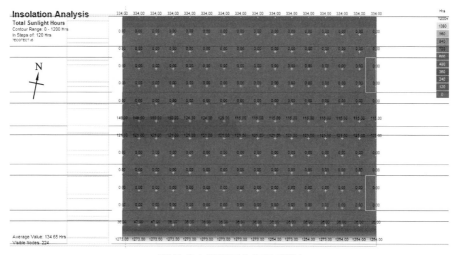

（较差走向桥阴平均日照时数）
(a) $B$ 值为0.038平均日照时数
附图 4

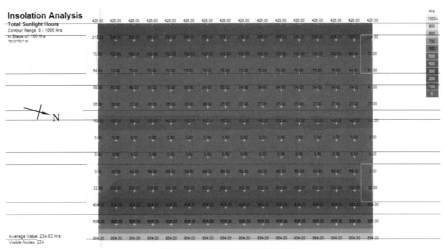

（较好走向桥阴平均日照时数）

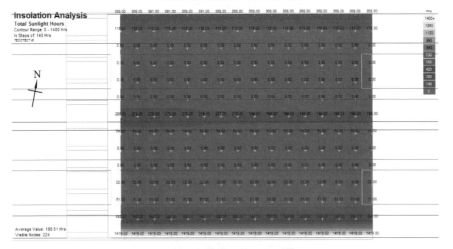

（较差走向桥阴平均日照时数）

(b) B值为0.115平均日照时数

续附图 4

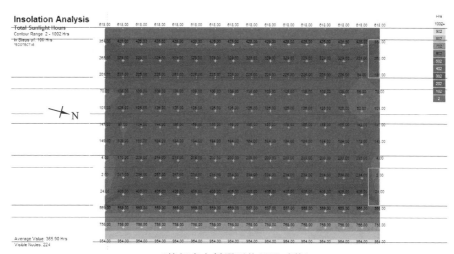

（较好走向桥阴平均日照时数）

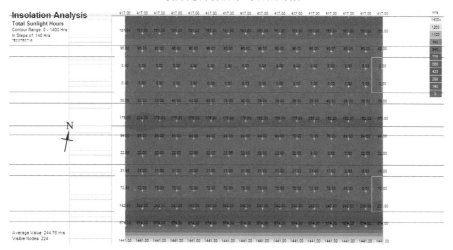

（较差走向桥阴平均日照时数）

(c) $B$ 值为0.192平均日照时数

**续附图 4**

197

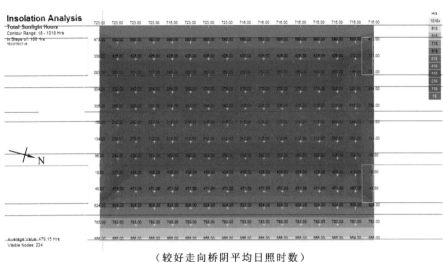

（较好走向桥阴平均日照时数）

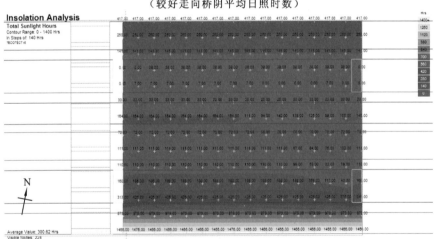

（较差走向桥阴平均日照时数）
(d) *B*值为0.269平均日照时数

**续附图 4**

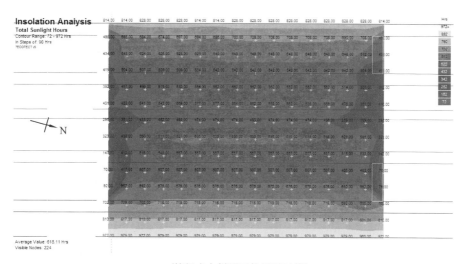

（较好走向桥阴平均日照时数）

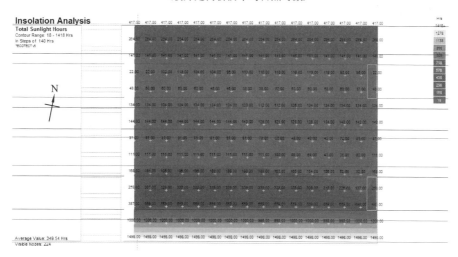

（较差走向桥阴平均日照时数）
(e) $B$ 值为0.346平均日照时数

续附图 4

199

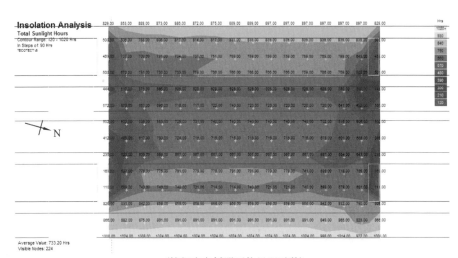

(较好走向桥阴平均日照时数)

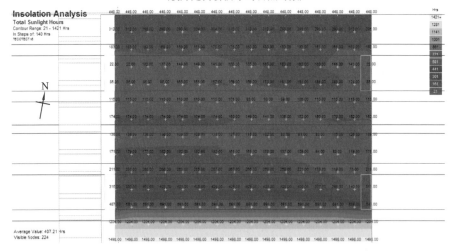

(较差走向桥阴平均日照时数)

(f) B值为0.423平均日照时数

续附图4

# 附图5 不同桥体走向在同一净空下分离缝宽度对桥阴 PAR 影响

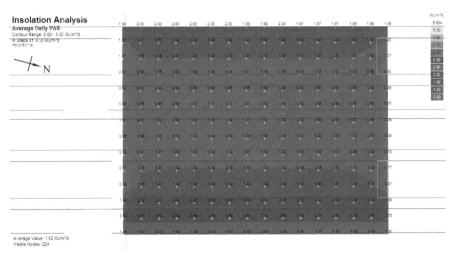

（较好走向桥阴PAR）

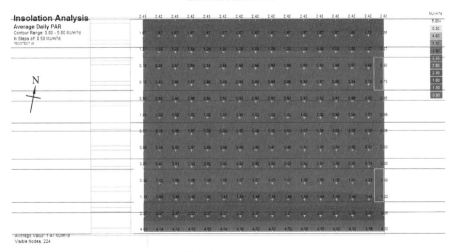

（较差走向桥体PAR）
(a) 分离缝宽1 m桥下PAR 变化

附图5

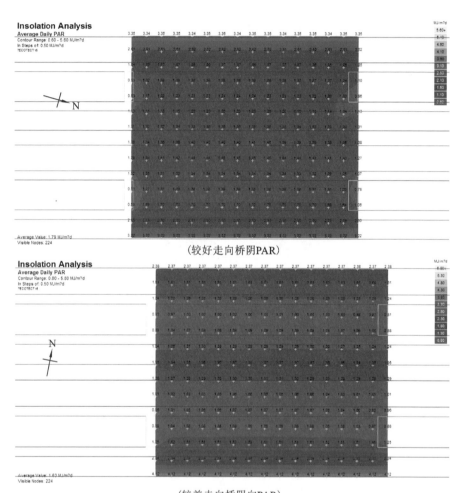

(较好走向桥阴PAR)

(较差走向桥阴向PAR)

(b) 分离缝宽2 m桥下PAR变化

**续附图5**

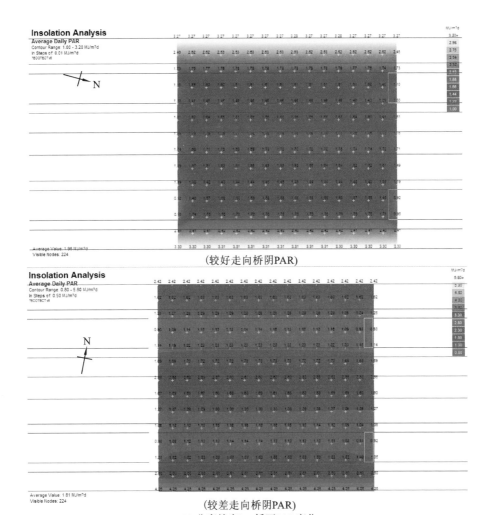

(较好走向桥阴PAR)

(较差走向桥阴PAR)

(c) 分离缝宽3 m桥下PAR变化

**续附图 5**

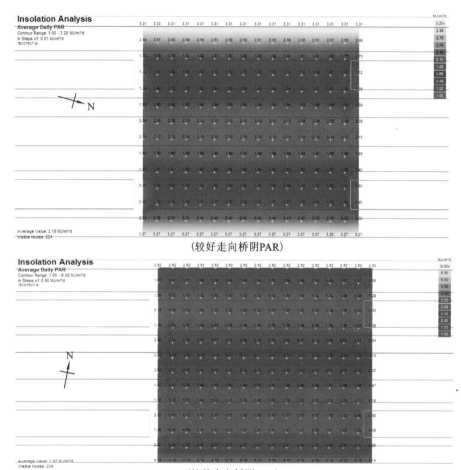

（较好走向桥阴PAR）

（较差走向桥阴PAR）

(d) 分离缝宽4 m桥下PAR变化

续附图5

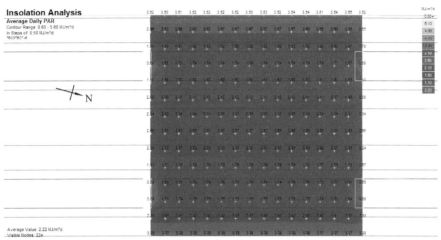

（较好走向桥阴PAR）

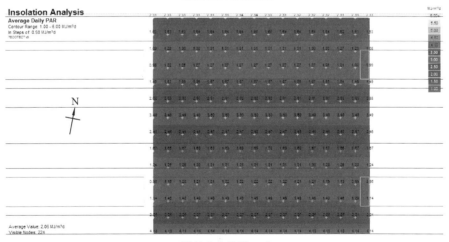

（较差走向桥阴PAR）

(e) 分离缝宽5 m桥下PAR变化

**续附图 5**

注：以上各图取净空 $B$ 值同为常见的 0.231

# 附图6　不同走向和分离缝宽度对桥阴日照时数的影响

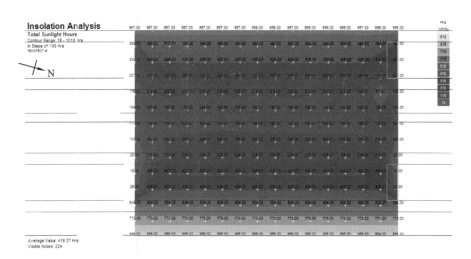

（较好走向桥阴日照时数）

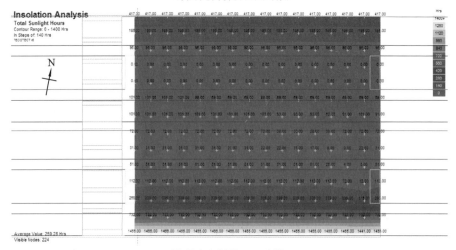

（较差走向桥阴日照时数）
(a) 分离缝宽1 m桥下日照时数变化

附图6

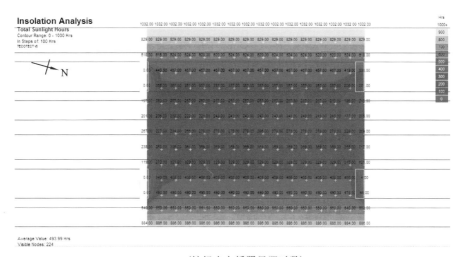

(较好走向桥阴日照时数)

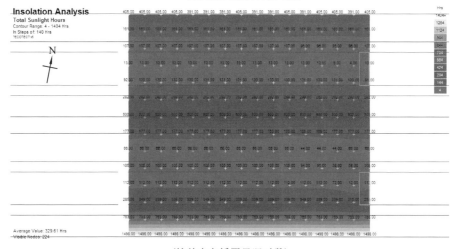

(较差走向桥阴日照时数)
(b) 分离缝宽2 m桥下日照时数变化

**续附图 6**

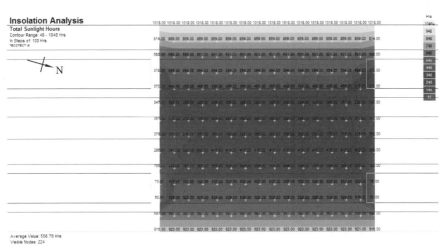

(较好走向桥阴日照时数)

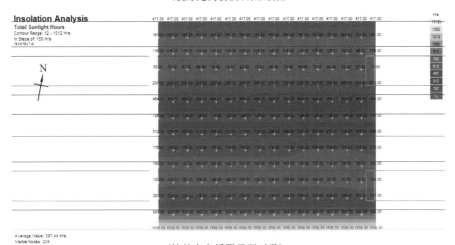

(较差走向桥阴日照时数)
(c) 分离缝宽3 m桥下日照时数变化

**续附图 6**

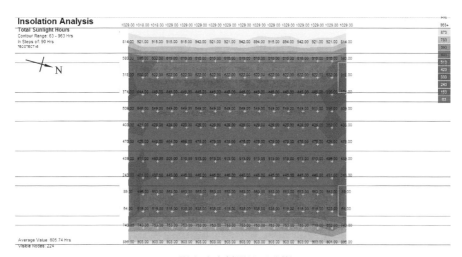

（较好走向桥阴日照时数）

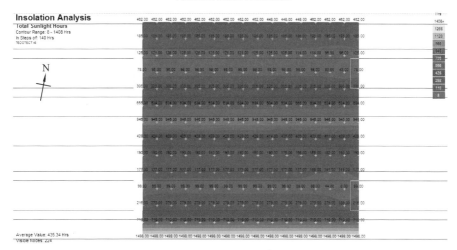

（较差走向桥阴日照时数）
(d) 分离缝宽 4 m 桥下日照时数变化

**续附图 6**

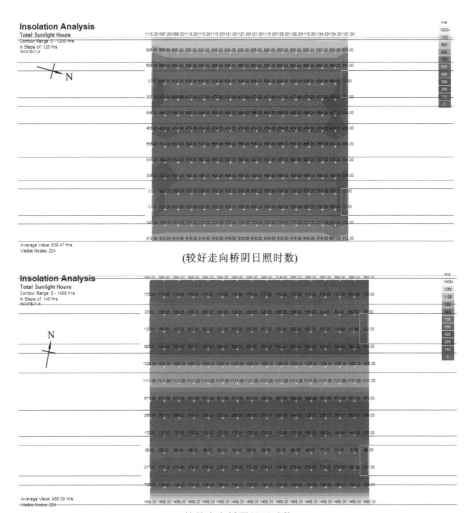

(较好走向桥阴日照时数)

(较差走向桥阴日照时数)

(e)分离缝宽5 m桥下日照时数变化

**续附图 6**

注:附图 6 各图取常见 $B$ 值 0.231 分析。

# 附图 7　武汉市 29 种桥阴绿化植物 Pn-PPFD 曲线图谱

（1）武汉市 29 种桥阴绿化植物 Pn-PPFD 曲线图谱（4 种乔木＋2 种草本）。

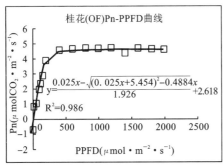

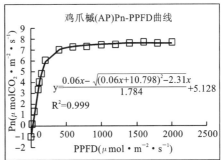

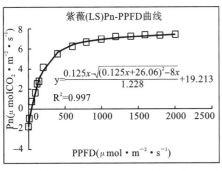

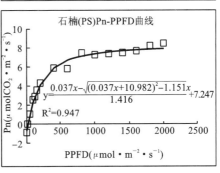

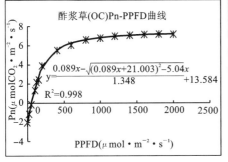

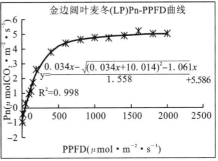

（2）武汉市 29 种桥阴绿化植物 Pn-PPFD 曲线图谱（18 种桥阴灌木 1/3）。

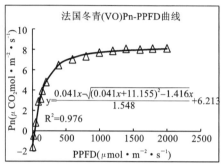

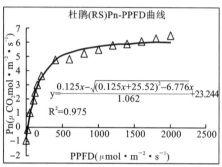

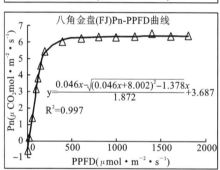

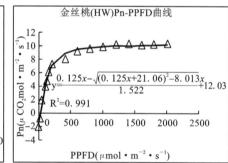

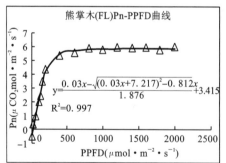

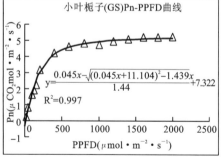

（3）武汉市 29 种桥阴绿化植物 Pn-PPFD 曲线图谱（18 种桥阴灌木 2/3）。

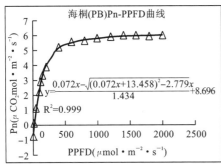

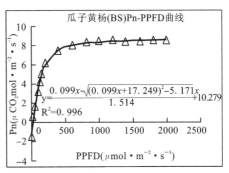

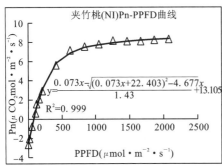

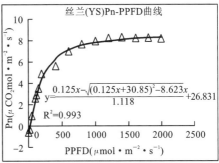

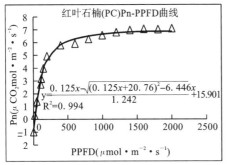

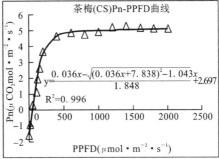

（4）武汉市 29 种桥阴绿化植物 Pn-PPFD 曲线图谱（18 种桥阴灌木 3/3）。

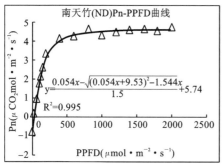

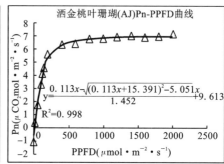

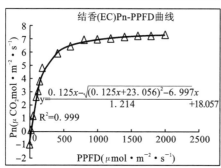

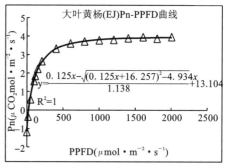

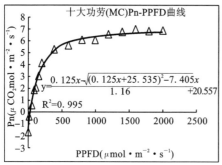

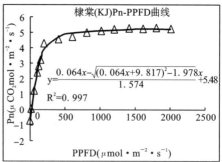

（5）武汉市 29 种桥阴绿化植物 Pn-PPFD 曲线图谱（5 种桥阴藤本）。

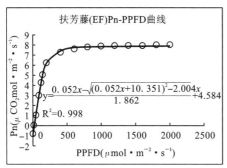

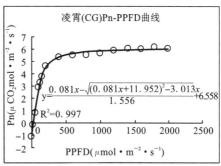

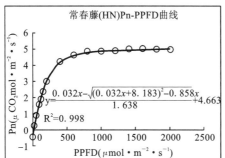

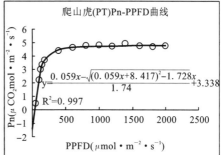

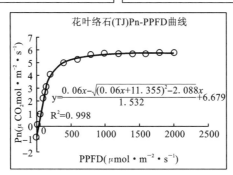

# 附图8 武汉市29种桥阴绿化植物表观量子效率图谱

（1）武汉市29种桥阴绿化植物表观量子效率图谱（4种乔木＋2种草本）。

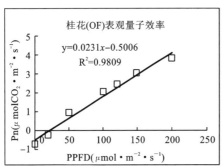

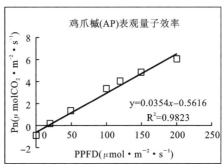

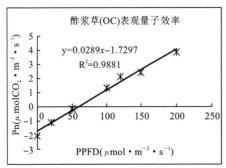

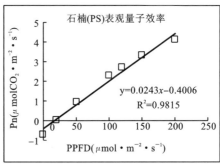

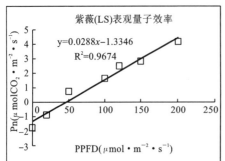

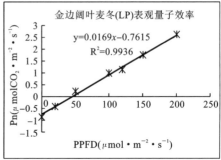

（2）武汉市 29 种桥阴绿化植物表观量子效率图谱（18 种灌木 1/3）。

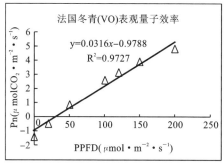

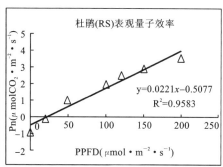

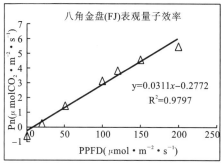

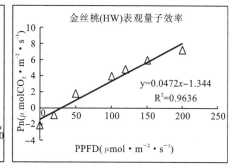

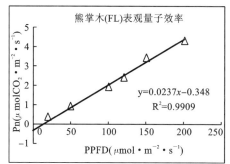

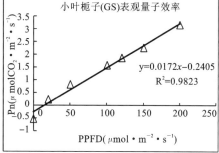

（3）武汉市 29 种桥阴绿化植物表观量子效率图谱（18 种灌木 2/3）。

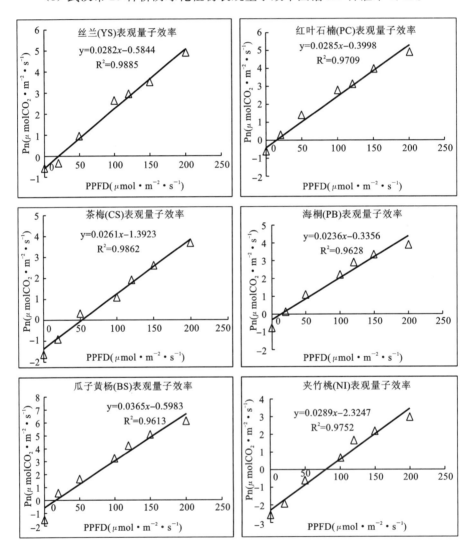

（4）武汉市 29 种桥阴绿化植物表观量子效率图谱（18 种灌木 3/3）。

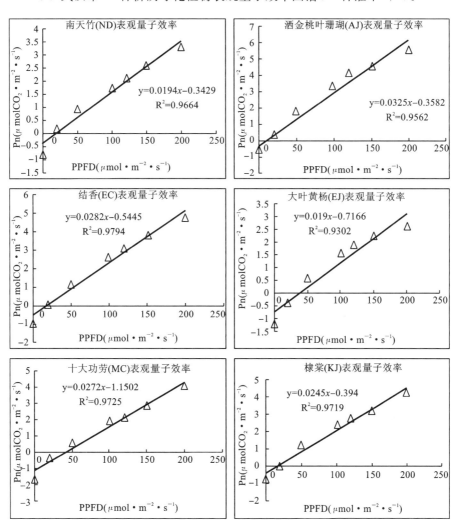

（5）武汉市 29 种桥阴绿化植物表观量子效率图谱（5 种藤本）。

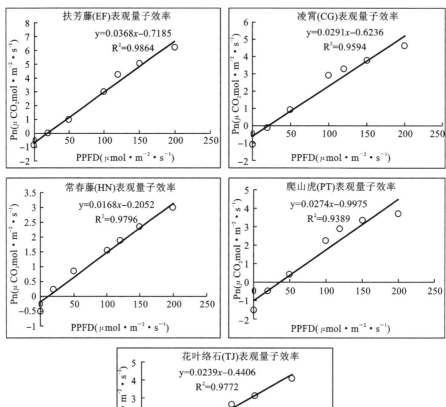

扶芳藤(EF)表观量子效率
$y=0.0368x-0.7185$
$R^2=0.9864$

凌霄(CG)表观量子效率
$y=0.0291x-0.6236$
$R^2=0.9594$

常春藤(HN)表观量子效率
$y=0.0168x-0.2052$
$R^2=0.9796$

爬山虎(PT)表观量子效率
$y=0.0274x-0.9975$
$R^2=0.9389$

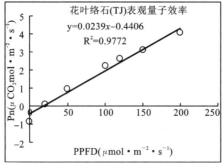

花叶络石(TJ)表观量子效率
$y=0.0239x-0.4406$
$R^2=0.9772$

# 参 考 文 献

［1］ 2014 年中国汽车保有量净增 1707 万，达历史最高水平［EB/OL］.
（2015-01-27）［2015-9-1］. http://www. askci. com/news/chanye/
2015/01/27/22637zj72. shtm.

［2］ 武汉举办大城市交通高层论坛，破解拥堵困局，腾讯·大楚网［EB/
OL］. （2010-11-18）［2015-9-1］. http://hb. qq. com/a/20101118/
002011. htm.

［3］ 李阎魁. 高架路与城市空间景观建设——上海城市高架路带来的思考
［J］. 规划师，2001（6）：48-52.

［4］ 何永. 清溪川复原——城市生态恢复工程的典范［J］. 水利工程，2004
（4）：102-105.

［5］ ERIK M. A structural and finite element model investigation of an
experimental bridge design［D］. Masters Abstracts International：The
Cooper Union for the Advancement of Science and Art，1995：36-104.

［6］ ERIK M. A Structural and finite element model investigation of an
experimental bridge design［D］. The Cooper Union Albert Nerken
School of Engineering，1995：9-104.

［7］ CURRAS C J. Seismic soil-pile-structure interaction for bridge and
viaduct structures［D］. Davis：University of California，2000：23-95.

［8］ COLLINGE S K. Spatial arrangement of patches and corridors in the
landscape：Consequences for biological diversity and implications for
landscape architecture［D］. Boston：Harvard University，1995：25-103.

［9］ 吴念祖，李有成. 高架道路工程［M］. 上海：上海科学技术出版社，1998：
12-87.

［10］ HASAN M O. Seismic Vulnerability Assessment of Off-ramp

Structures of the Las Vegas Downtown Viaduct[D]. Las Vegas: Graduate College University of Nevada,2002:15-101.

[11]  GOTTEMOELLER F. Bridgescape: The Art of Designing Bridges [M]. New York:John Wiley & Sons. 1998:5-68.

[12]  万敏,马群柱.桥梁景观的释义、意义与特点[C]//现代道桥技术新进展.北京:原子能出版社,2003:202-204.

[13]  万敏.我国桥梁景观设计的现状与发展[J].桥梁建设,2002(6): 66-68.

[14]  PAUCHARD A,ALABACK P B. Alaback. Edge type defines alien plant species invasions along Pinus contorta burned,highway and clearcut forest edges [J]. Forest Ecology and Management,2006 (223):327-335.

[15]  HOOPER V H,ENDTER-WADA J,JOHNSON C W. Theory and Practice Related to Native Plants[J]. Landscape Journal,2008,27 (1):127-141.

[16]  张雷,毕聪斌,李淑艳.高架道路在城市交通建设中的应用[J].辽宁交通科技,2004(4):34-36.

[17]  余爱芹.城市高架桥空间景观营造初探[D].南京:东南大学, 2005:12.

[18]  谭鑫强.城市高架桥主导空间解析[D].大连:大连理工大学,2009: 13-20.

[19]  李世华.城市高架桥工程施工手册[M].北京:中国建筑工业出版社, 2006:54.

[20]  张顺宇.台北市高架桥下空间形式与使用之研究[D].台北:朝阳科技大学,2003:5-42.

[21]  霍恩比.牛津高阶英汉双解字典.第 6 版.石孝殊,等译[M].北京:商务印书馆,牛津大学出版社,2004:1964.

[22]  汤辉雄.快速道路系统工程结构形态适用范围之研究[R].国立交通大学交通运输研究所,1985.

[23] 戴显荣,饶传坤,肖卫星.城市高架桥下空间利用研究——以杭州市主城区为例[J].浙江大学学报(理学版),2009,36(6):723-730.

[24] 鞠三.城市高架桥的几种结构形式与构造特点[J].铁道勘测与设计,2004(3):99-102.

[25] 李世华.城市高架桥施工手册[M].北京:中国建筑工业出版社,2002:42-45.

[26] 筱原修.土木景観計畫[M].东京:技报堂,1982:147.

[27] 中国大百科全书总编辑委员会《交通》编辑委员会,中国大百科全书出版社编辑部.中国大百科全书·交通[M].北京、上海:中国大百科全书出版社,1986:75-76.

[28] 計画·設計体系の組.土木研究所資料第1775号,道路街路景観計画体系は関すゔ研究[M].东京:その1計画·設計体系の,1982:88-92.

[29] 大山頭.高架下建築写真集[M].东京:株式会社阳泉会社,2009:43-49.

[30] 何贤芬.城市高架道路景观的尺度研究[D].成都:西南交通大学,2006:3.

[31] 袁成.波士顿市摆脱交通拥堵困境[J].城市公用事业,2004,18(1):43-44.

[32] 肖猛.波士顿:找回城市的祥和与宁静[J].百科知识,2010(3):40-41.

[33] 新京.清溪川的变迁[J].环境经济,2007(3):60-63.

[34] 冷红,袁青.韩国首尔清溪川复兴改造[J].国际城市规划,2007,22(4):43-47.

[35] 王新军,杨丽青.盲目建造高架现象的经济分析以及国内外对比[J].城市规划.2005(9):85-88.

[36] 殷利华,万敏."反桥"事件对我国城市高架桥建设的启思[C]//中国城市规划学会.转型与重构——2011中国城市规划年会论文集.南京:东南大学出版社,东南大学电子音像出版社,2011:8801-8810.

[37] 黄文燕.城市高架路对商业影响研究——以广州为例[D].上海:同济大学,2008:18-45.

［38］《大师》编辑部.大师系列——路易斯·康［M］.武汉:华中科技大学出版社,2007:27.

［39］王琳峰,张菁.城市"边角空间"的利用［J］.河南教育学院学报(自然科学版),2006(3):72-75.

［40］黄开平.台北市高架道路与陆桥景观对视觉心理之影响评估［R］.国立交通大学交通运输研究所,1988:10.

［41］冯磊,叶霞飞.城市高架桥下空间土地利用形态的调查研究［J］.城市轨道交通研究,2004(6):59-63.

［42］方溪泉.AHP 与 AHP 实力应用比较——以高架桥下土地使用评估为例［D］.台湾:国立中兴大学都市计划研究所,1994.

［43］U. S Department of Transportion,Federal Highway Adminstration,Bureau of Public Road. Highway Joint Development and Multiple Use［M］. Washington D. C U. S Government Printing Office,1970:119-123.

［44］北京立交桥下将增 10 处公交换乘停车场［EB/OL］.(2007-05-09)［2015-09-01］. http://www. bj. xinhuanet. com/bjpd-xxfw/2007-05-09/content_9981999_1. htm.

［45］蒋永红,余天庆,范瑛.城市高架桥的弊端及防治对策［J］.湖北工业大学学报,2006(4):90-92.

［46］王雪莹,辛雅芬,宋坤等.城市高架桥阴光照特性与绿化的合理布局［J］.生态学杂志,2006,25(8):938-943.

［47］王利.上海高架道路沿线街道灰尘中重金属分布及污染评价［D］.上海:华东师范大学,2007:24.

［48］曹凤琦.城市高架桥建设对环境的影响［J］.江苏环境科技,1999(3):21-24.

［49］刘常富,陈玮.园林生态学［M］.北京:科学出版社,2003:14-45.

［50］何贤芬.城市高架道路景观的尺度研究［D］.成都:西南交通大学,2006:51-52.

［51］杨斌.城市桥梁下部景观初探［J］.公路,1987(8):4-8.

[52] 徐康,夏宜平,张玲慧,等.杭州城区高架桥绿化现状与植物的选择[J].浙江林业科技,2003(4):47-50.

[53] 陈敏,傅徽楠.高架桥阴地绿化的环境及对植物生长的影响[J].中国园林,2006(9):68-72.

[54] 顾凌坤,陈冬红.对高架桥阴地的"强行绿化"的思考[J].科技资讯,2007(6):48-49.

[55] 骆会欣.改良土壤 甄选植物 高架桥下绿化"变脸"有术[N].中国花卉报,2009-07-09,第007版.

[56] 中国社会科学院语言研究所词典编辑室.现代汉语词典[M].第二版.北京:商务印书馆,1996:1057,1499.

[57] 蒋高明,常杰,高玉葆,等.植物生理生态学[M].北京:高等教育出版社,2004:8-42.

[58] 陆明珍,徐筱昌,奉树成,等.高架路下立柱垂直绿化植物的选择[J].植物资源与环境,1997,6(2):63-64.

[59] 吴俊义.高架路下桥阴植物的选择[J].园林,2000(6):19.

[60] RASCHER U,LIEBIG M,LÜTTGE U. Evaluation of instant light response curves of chlorophyll fluorescence parameters obtained with a portable chlorophyll fluorometer on site in the field[J]. Plant Cell Environ,2000(23):1397-1405.

[61] 姜汉侨,段昌辉,杨树华,等.植物生态学[M].北京:高等教育出版社,2010:252-260.

[62] Skye Instruments Ltd. Light Measurement Guidance Notes[EB/OL]. http://www. planta. cn/forum/files _ planta/light _ guide _ 941. pdf.

[63] 吉文丽.苔草属植物对异质环境生理生态响应研究[D].北京:北京林业大学,2007:5-12.

[64] ABRAMS M D,KUBISKE M E. Leaf structural characteristics of 31 hardwood and conifer tree,species on Central Wisconsin:influence of light regime and shade tolerance rank[J]. Forest Ecological Manage,

1990(31):145-153.

[65] GOULET F, BELLEFLEUR P. Leaf morphology plasticity in response to light environment in deciduous tree species and its implication on forest succession[J]. Can. J. For. Res,1986(1616): 1192-1195.

[66] von CAEMMERER S, FARQUHAR G D. Some relationships between the biochemistry of photosynthesis and the gas exchange of leaves[J]. Planta,1981(153):376-387.

[67] von CAEMMERER S, FARQUHAR G D, BERRY J A. A Biochemical Model of Photosynthetic $CO_2$ Assimilation in Leaves of $C_3$ Species[J]. Planta,1980(149):78-90.

[68] 王雁,苏雪痕,彭镇华.植物耐阴性研究进展[J].林业科学研究,2002, 15(3):349-355.

[69] 卓丽环,陈龙清.园林树木学[M].北京:中国农业出版社,2004: 23-117.

[70] 贺敬连,黄明利,孙志广,等.耐阴植物在生态旅游区绿化中的应用 [J].河南林业科技,2010(3):28-31.

[71] AVOLA G,CAVALLARO V,PATANÈ C,et al. Gas exchange and photosynthetic water use efficiency in response to light, $CO_2$ concentration and temperature in Vicia faba[J]. Journal of Plant Physiology,2008(165):796-804.

[72] YOON B. Effect of shading and paclobutrazol on growth development, and leaf damage in BEGONA X CHEIMANTHA EVERETT 'EMMA'[D]. UMI Company:Texas A&M University, 1998:19-32.

[73] 孙淑兰.用五叶地锦绿化立交桥[J].植物杂志,1992(5):20-21.

[74] 徐晓帆,吴豪.深圳市立交桥垂直绿化植物选择与配置[J].广东园林, 2005,30(4):15-17.

[75] 丁少江,黎国健,雷江丽.立交桥垂直绿化中常绿、花色植物种类配置

的研究[J].中国园林,2006(2):85-91.

[76] 关学瑞,蔡平,王杰青,等.国内高架桥绿化及研究现状[J].黑龙江农业科学 2009(2):168-170.

[77] 王竞红,徐谷丹.哈尔滨市主要高架桥绿化情况调查研究[J].北方园艺 2007(7):156-157.

[78] 王俊丽,张俊涛,龚世杨.北京立交桥绿化状况及植被特征研究[J].中央民族大学学报(自然科学版),2006,15(4):293-298,303.

[79] 马晓琳,赵方莹,郭莹莹.北京市朝阳区立交桥立体绿化植物配置模式[J].中国水土保持科学,2006,z1:78-82.

[80] 李晓霞,周建华,于茂霞.城市立交桥绿化景观设计理念探析——以重庆市宝圣立交绿化景观设计为例[J].西南农业大学学报(社会科学版),2010(3):18-19.

[81] 管俊强.广州城市立交桥桥底绿化探讨[J].财富世界,2009(4):229.

[82] 李海生,赖永辉.广州市立交桥和人行天桥绿化情况调查研究[J].广东教育学院学报,2009(3):86-91.

[83] 徐晓帆,吴豪.深圳市立交桥垂直绿化植物选择与配置[J].广东园林,2005,30(4):15-17.

[84] 曾凡梅,刘义.贵阳市区立交桥绿化现状调查及养护技术思考[J].农技服务,2010,27(6):790-791.

[85] 王杰青,王雪刚,陈志刚.苏州城区高架桥绿化现状与桥区生态环境的研究[J].北方园艺,2006(3):107-108.

[86] 李莎,彭尽辉.长沙市立交桥绿化状况调查与分析[J].科技信息,2009(9):385-386.

[87] 王雁.北京市主要园林植物耐阴性及其应用的研究[D].北京:北京林业大学,1996:22-68.

[88] 郑松勤.上海罗山路立交桥晚绿地设计[J].时代建筑,1995(1):49-51.

[89] 杜文双.南京规划:"垂直绿化"成景观[N].南京日报,2010-05-25,A06 版.

[90] 黎国健.如何为城市立交桥"着装"[C]//和谐城市规划——2007中国城市规划年会论文集.北京:中国建筑工业出版社,2007:2458-2467.

[91] 蒋乐.武汉市城市道路交通建设成果与展望[R].武汉:武汉市首届设计双年展-武汉市政工程设计研究院有限责任公司,2011:4-20.

[92] 汪天明.雄楚大街将现首条"公交高速路"[N].武汉晨报,2011-05-18,A06版.

[93] 武汉城市建设档案馆,武汉市桥梁维修管理处.武汉桥梁集锦[M].武汉:武汉出版社,2000:69-91.

[94] 武汉市建设委员会.武汉市城市建设"十一五"规划(城市道路桥梁、轨道交通)[R].武汉:2006:1.

[95] Autodesk,Inc,柏慕培训.Autodesk Ecotect Analysis 绿色建筑分析应用[M].北京:电子工业出版社,2011:44.

[96] 吴继宗,叶关荣.光辐射测量[M].北京:机械工业出版社,1992:8.

[97] 刘琦,王德华.建筑日照设计[M].北京:中国水利水电出版社,2008:3-7.

[98] [日]土木学会编,章俊华,陆伟,雷芸译.道路景观设计[M].北京:中国建筑工业出版社.2003:63.

[99] ZHANG Y M. Sunlight tracking sensor and its use in full-automatic solar tracking and collecting device[P]. Oct. 15, 2002. Patent No. : US 6,465,766 BI.

[100] 车承焕,吕戊辰.反光板用无氰酸性镀银[J].机械设计与制造,1987(6):18-20.

[101] 饶觉陶,王小辉,沈明发.反光板(合作目标)反射率测量仪[J].光学技术,1998(6):35-38,44.

[102] 戴立飞,高辉,谢贤文.反光板在建筑自然采光中的应用[J].工业建筑,2007,37(12):54-57.

[103] KUMAR C S, SHARMA A K, MAHENDRA K N. Mahendra. Studies on anodic oxide coating with low absorptance and high emittance on aluminum alloy 2024 [J]. Solar Energy Materials &

Solar Cells,2000,60(1):51-57.

[104] KUMAR C S,SHARMA A K,MAHENDRA K N. Mahendra. Studies on white anodizing on aluminum alloy for space applications [J]. Applied Surface Science,1999(151):280-286.

[105] ENRÍQUEZ S,PANTOJA-REYES N I. Form-function analysis of the effect of canopy morphology on leaf self-shading in the seagrass [J]. Thalassia testudinum Oecologia,2005(145):235-243.

[106] 孙谷畴,赵平,曾小平.两种木兰科植物叶片光合作用的光驯化[J].生态学报,2004,24(6):1111-1117.

[107] 肖宜安,胡文海,李晓红,等.长柄双花木光合功能对光强的适应[J].植物生理学通讯,2006,42(5):821-825.

[108] TOLEDO-ACEVES T,SWAINE M D. Biomass allocation and photosynthetic responses of lianas and pioneer tree seedlings to light[J]. Acta oecologica,2008(34):38-49.

[109] NIINEMETSÜ. Photosynthesis and resource distribution through plant canopies [J]. Plant,Cell and Environment,2007,30:1052-1071.

[110] CHIPINⅢ S F,MATSON P A,MOONEY H M. Princiles of terrestrial ecosystem ecology [M]. New York Inc,Springer-Verlag:2002.

[111] MONTGOMERY R A,GIVNISH T J. Adaptive radiation of photosynthetic physiology in the Hawaiian lobeliads:dynamic photosynthetic responses[J]. Oecologia,2008,155:455-467.

[112] 庄猛,姜卫兵,花国平,等.金边黄杨与大叶黄杨光合特性的比较[J].植物生理学通讯,2006,42(1):39-42.

[113] 李晓红,胡文海,陈春泉,等.不同生境条件下八角金盘的光合特性[J].安徽农业科学,2007,35(15):4420-4421.

[114] 何维明,马凤云.水分梯度对沙地柏幼苗荧光特征和气体交换的影响[J].植物生态学报,2000,24(5):630-634.

[115] 刘宇锋,萧浪涛,童建华,等.非直线双曲线模型在光合光响应曲线数据分析中的应用[J].中国农学通报,2005,21(8):76-79.

[116] FARQUHAR G D, von CAEMMERER S, BERRY J A. A biochernical model of photosynthetic $CO_2$ Assimilation in leaves of $C_3$ species[J].Planta,1980(149):78-90.

[117] FARQUHAR G D, von CAEMMERER S, BERRY J A. Farquhar et al. Models of photosynthesis[J]. Plant Physiology,2001(125):42-45.

[118] 胡文海,段智辉,邹桂花,等.两种光环境下八角金盘与大叶黄杨光合特性的比较[J].井冈山大学学报(自然科学版),2010,31(1):59-61,76.

[119] 许大全.光合作用效率[J].植物生理学通讯,1988(5):1-7.

[120] GOOD N E,BELL D H. In Carlson PS(ed). The Biology of Crop Productivity[M]. New York:Academic Press,1980:3.

[121] 匡廷云,卢从明.加强光能高效利用机理研究的战略意义[J].科学与社会,2011,1(3):22-27.

[122] LONG S P,BAKER N R,RAINS C A. Analyzing the responses of photosynthetic $CO_2$ assimilation to long-term elevation of atmospheric $CO_2$ concentration[J].Vegetation,1993(104):33-45.

[123] KOOMAN P L,FAHEM M,TEGERA P,et al. Effects of climate on different potato genotypes. Radiation interception, total and tuber dry matter production[J]. European Journal of Agronomy,1996(5):193-205.

[124] 梁开明,林植芳,刘楠,等.不同生境下报春苣苔的光合作用日变化特性[J].生态环境学报 2010,19(9):2097-2106.

[125] 戴凌峰,张志翔,沈应柏.4种灌木树种的耐阴性研究[J].西部林业科,2007,36(4):41-48.

[126] 余叔文.植物生理与分子生物学[M].北京:科学出版社,1992:37-105.

[127] BJORKMAN O. Response to different quantumn flux denities Physiological plant ecocgy 1 of Encyclopedia of plant physiology [M]. Berlin. : Springer Verlag, 1981:57-101.

[128] 甘德欣, 王明群, 龙岳林. 3 种彩叶植物的光合特性研究[J]. 湖南农业大学学报: 自然科学版, 2006, 32(6):607-610.

[129] (苏). I. O. 采列尼克尔(王世绩译). 木本植物耐阴性的生理学原理[M]. 北京: 科学出版社. 1986.

[130] GIBSON K D, FISCHER A J, FOIN T C. Shading and the growth and photosynthetic responses of Ammannia coccinnea[J]. Weed Research, 2001(41):59-67.

[131] 丁爱萍, 王瑞, 张卓文. 12 种园林植物耐阴性鉴定指标的筛选[J]. 植物生理学通讯, 2009, 45(1):55-59.

[132] 李作文, 刘家祯. 不同生态环境下的园林植物[M]. 沈阳: 辽宁科学技术出版社, 2010:12-121.

[133] 陈有民. 园林树木学[M]. 北京: 中国林业出版社, 1992:60-690.

[134] 崔晓阳, 方怀龙. 城市绿地土壤及其管理[M]. 北京: 中国林业出版社, 2001:301-324.

[135] 包满珠. 花卉学[M]. 北京: 中国农业出版社, 2004:173-476.

[136] 李彬, 庄建新. 大豆耐阴性种试验[J]. 现代农业科技, 2008(15):203.

[137] 于盈盈, 胡聃, 郭二辉, 等. 城市遮阴环境变化对大叶黄杨光合过程的影响[J]. 生态学报, 2011, 31(19):5646-5653.

[138] KJELGREN R K, CLARK J R. Photosynthesis and leaf morphology of Liquidambar styraciflua L. under variable urban radiant-energy conditions [J]. International Journal of Biometeorology, 1992, 36(3):165-171.

[139] TAKAGI M, GYOKUSEN K. Light and atmospheric pollution affect photosynthesis of street trees in urban environments[J]. Urban Forestry and Urban Greening, 2004, 2(3):167-171.

[140] 刘光立. 垂直绿化及其生态效益研究[D]. 成都: 四川农业大学,

2002:17-22.

[141] 郭英龙.高架桥底层色彩的选择——以上海中山北路高架桥曹杨路——武宁路段底层为例[J].艺术探索,2009,23(1):134-135.

[142] 郭磊.城市中心区高架下剩余空间利用研究——以上海市为例[D].上海:同济大学,2008:24-25.

[143] [美]凯文林奇著.项秉仁译.城市意象[M].北京:中国建筑工业出版社,1990:38-50.

[144] What is urban agriculture? [EB/OL]. http://www. ruaf. org/ node/512. Urban agriculture can be defined shortly as the growing of plants and the raising of animals within and around cities.

[145] 张华如.现代都市农业公园规划建设有关问题探讨[J].安徽农业科学,2007,35(36):11816-11817.

[146] MOUGEOT L J A. Agropolis: the social, political and environmental dimensions of urban agriculture [M]. London: Earthscan,2005.

[147] 张立生.略论大城市"都市型农业"的发展与城市规划[J].城市规划汇刊,2001(3):68-70.

[148] 蔡建明,罗彬怡.从国际趋势看将都市农业纳入到城市规划中来[J].城市规划,2004(9):22-25.

[149] 刘娟娟.我国城市建成区都市农业可行性及策略研究[D].武汉:华中科技大学,2011:5-42.

[150] 于立,单锦炎.西欧国家可持续性城市排水系统的应用[J].国外城市规划,2004,19(3):51-56.

[151] 付国印.碳足迹概述与服务模式[J].家电科技,2010(6):52-55.

[152] YIN L H, WAN M. Carbon Footprint Research of Landscaping Works Based on Life Cycle Analysis [C]//2011 International Conference on Electric Technology and Civil Engineering. Lushan, China. IEEE,2011(volume 2):1092-1095.

[153] 车伍,刘燕,李俊奇.国内外城市雨水水质及污染控制[J].给水排水,

2003,29(10):38-42.

[154] DRAPPER D,TOMLINSON R,WILLIAMS P. Pollutant concentrations in road runoff:southeast queensland case study [J]. Journal of Environment Engineering,1999,126(4):313-320.

[155] 赵剑强,刘珊,刘英聆,等.城市路面径流雨水水质特征分析[J].西安公路交通大学学报,1999,(19):31-33.

[156] ELLIS J B,REVITT D J,HARROP D O,et al. The contribution of highway surfaces to urban stormwater sediments and metal loadings[J]. Science of the Total Environment,1987(59):339-349.

[157] 汪慧贞,李宪法.北京城区雨水径流的污染及控制[J].城市环境与城市生态,2002(2):16-18.

[158] 郭凤台,朱磊,刘贵德.邯郸市城区道路路面径流水质特征及污染物冲刷排放规律研究[J].河北水利,2005(6):21-24.

[159] 张书函,陈建刚,丁跃元,等.环保型道路雨水口:200810106310.6[P].2008-5-12.

[160] 殷利华,万敏.滨湖道路减少面源污染的绿色工程措施研究——以武汉东湖环湖路为例[J].山东建筑大学学报,2011(1):45-48.

[161] 邓建民,蔡新宇.一种高架道路雨水收集喷淋装置:200820150237.8[P].2009.

[162] 张允宜.一种简便实用的高架道路雨水利用系统:200820166959.2[P].2009.

[163] 郝波然,梁琦伟,吴国华.一种利用雨水浇灌高架下绿化的装置:200720067638.2[P].2007,3.

[164] 何为.一种简易型雨水灌溉系统:200520014553.9[P].2005.

[165] RAPOPORT A. House Form and Culture[M]. Englewood Cliffs, NJ:Prentice-Hall,1969.

[166] MOTLOCH J L. Introduction to Landscape Design ( Second Edition)[M]. Austin:John Wiley & Sons. Inc. 2003:4-6.

[167] 张蔚然.高架桥拆建——汽车尺度与人的尺度的冲突[N].中国新闻

周刊,2008-7-7:26-27.

[168]　王新军,杨丽青.盲目建造高架现象的经济分析以及国内外对比[J].
　　　　城市规划.2005,92(9):85-88.

[169]　刘莉莉.纽约废弃高架桥不拆,变"空中花园"[N].新华每日电讯,
　　　　2009-06-22,第008版.

[170]　REID R L. New York's 'High Line' Railroad to Become an
　　　　Elevated Park[J]. Civil Engineering,2006(7):14,16-18.

# 图 片 来 源

图 1-2：（a）http://www.chinareviewnews.com，2006-11-28

（b）http://v8.cache2.c.bigcache.googleapis.com/static.panoramio.com/photos/original/41523316.jpg? redirect_counter＝1

（c）http://v7.cache4.c.bigcache.googleapis.com/static.panoramio.com/photos/original/18452833.jpg? redirect_counter＝1

图 1-3：（a）http://r1.lax04s07.c.bigcache.googleapis.com/static.panoramio.com/photos/original/12422873.jpg? st＝lc

（b）http://v8.cache1.c.bigcache.googleapis.com/static.panoramio.com/photos/original/46412004.jpg? redirect_counter＝1)

图 1-5：徐铁人新浪微博 http://blog.sina.com.cn/s/blog_4acf0a9701008-hde.html

图 3-1：（日）土木学会，2003，p63

图 5-17：http://nanjing.mapooo.com/info/ds-c70d4e47513c4a70a6ebfce-0941ff868.html

图 5-25：张书函专利，2008

图 5-26：张允宜专利，2009

除注明来源的图片，其余图片均为作者及作者所在课题组自摄或自绘。